ABHANDLUNGEN DER DEUTSCHEN AKADEMIE
DER WISSENSCHAFTEN ZU BERLIN

Klasse für Mathematik, Physik und Technik

Jahrgang 1957, Nr. 4

MANFRED OEHMICHEN

ENTWICKLUNGSGANG UND GEGENWÄRTIGER STAND DER GASTURBINE

Mitteilungen der Sektion für Maschinenbau

AKADEMIE-VERLAG · BERLIN

1958

Vorgetragen auf der 3. Sitzung 1957 der Sektion für Maschinenbau am 13. 2. 1957
Vorgelegt von Hrn. Jante in der Gesamtsitzung vom 4. April 1957
Zum Druck genehmigt am gleichen Tage, ausgegeben am 30. Juni 1958

Erschienen im Akademie-Verlag GmbH, Berlin W 8, Mohrenstraße 39

Lizenz-Nr. 202 · 100/405/58
Satz, Druck und Bindung: IV/2/14 · VEB Werkdruck Gräfenhainichen · 854
Bestell- und Verlagsnummer: 2001/57/I/4
Preis: DM 8,80
Printed in Germany

1. Einleitung

Trotzdem sich Technik und Wissenschaft seit langem intensiv mit den Fragen beschäftigen, die bei Konstruktion und Fertigung von Gasturbinen auftreten, sind viele Probleme der Auslegung und Anwendung noch ungelöst.

Gegenwärtig herrscht noch Unklarheit darüber, bis zu welchen Nutzleistungen und für welchen Wirtschaftszweig, ob ortsfest oder beweglich und für welche Art von Kraftstoff die Gasturbine am geeignetsten sei. Daß sie auf bestimmten Gebieten und unter besonderen Bedingungen andere Kraftmaschinen zu ersetzen in der Lage ist, wird nicht mehr bestritten.

Unterschiedliche Meinungen bestehen auch noch darüber, welches Verfahren für die einzelnen Verwendungszwecke am vorteilhaftesten angewendet werden kann.

Neben dem Gleichraumprozeß (Abb. 1) besteht der offene (Abb. 2) und der geschlossene (Abb. 3) Gleichdruckprozeß.

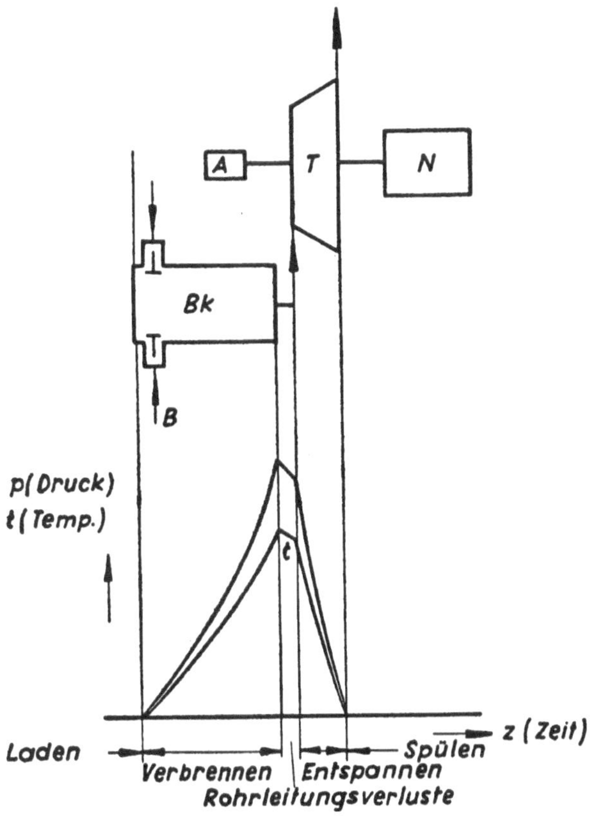

Abb. 1. Schema einer Gasturbine mit Gleichraumverbrennung

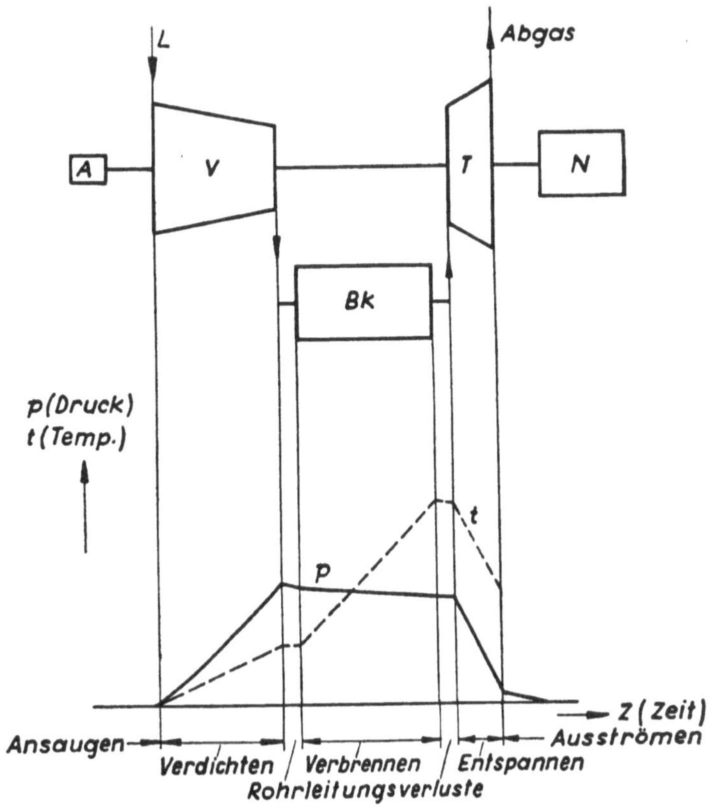

Abb. 2. Schema einer im offenen Prozeß arbeitenden Gasturbine mit Gleichdruckverbrennung

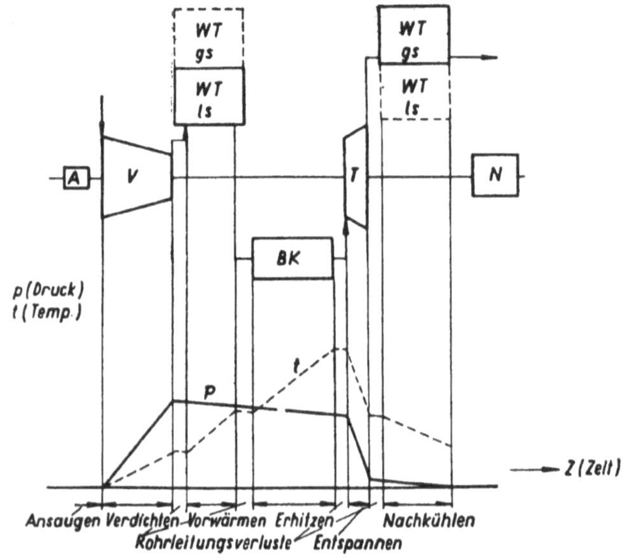

Abb. 3. Schema einer im geschlossenen Prozeß arbeitenden Gasturbine

Der Gleichraumprozeß hatte seine Berechtigung besonders solange, wie der Verdichterbau die Forderungen nach hohen Wirkungsgraden nicht erfüllen konnte. Daher bedienten sich auch die ersten erfolgreichen Anlagen dieses Prinzipes. Infolge der beim Gleichraumprozeß notwendigen Bauteile, die als Absperrorgane hohen thermischen Belastungen ausgesetzt sind, und wegen Schwierigkeiten bei Spülung und Füllung des Brennraumes sowie durch den pulsierenden Gasstrom, gab man später der einfacher erscheinenden Bauweise des Gleichdruckprozesses mit (Abb. 4) und ohne (Abb. 2) Wärmetauscher den Vorzug. Neuere Anlagen arbeiten heute fast ausschließlich nach dem Gleichdruckprinzip. Dabei überwiegt der offene Prozeß, da er zumindest für flüssige und gasförmige Kraftstoffe weniger Raum beansprucht als der geschlossene Prozeß. Letzterer ist gegenwärtig allerdings als einziger und erster Prozeß nach dem Gleichdruckverfahren für eine ortsfeste, industrielle Anlage in Deutschland in Ravensburg, verwirklicht worden (Abb. 5) [1].

Aus den verschiedenen Schaltungsmöglichkeiten ergeben sich unterschiedliche Prozeßverläufe, die im P/V-, T/s- oder i/s-Diagramm dargestellt werden können (Abb. 6). Solange Verdichter und Nutzleistungsturbine direkt gekuppelt sind, ergibt sich ein mit steigender Drehzahl ansteigendes Drehmoment. Bei pneumatisch gekuppelter Nutzleistungsturbine fällt das Drehmoment von dem Ausgangswert mit steigender Drehzahl ab (Abb. 7). Die tatsächlichen Zustandsänderungen ergeben von den theoretischen Werten abweichende Verläufe. Sie müssen bei der Durchrechnung einer Anlage unbedingt berücksichtigt werden, wenn an die Ergebnisse Anforderungen gestellt werden, die über eine Projektrechnung hinausgehen.

Die Änderungen der spezifischen Wärmen, Druck- und Wärmeverluste, Rückgewinngrad des Wärmetauschers sowie das Kennfeld des Verdichters und die Turbinenkennlinie sollten dafür bekannt sein. Dies ist besonders notwendig, wenn es sich um Bestimmung von Teillasten sowie von Lei-

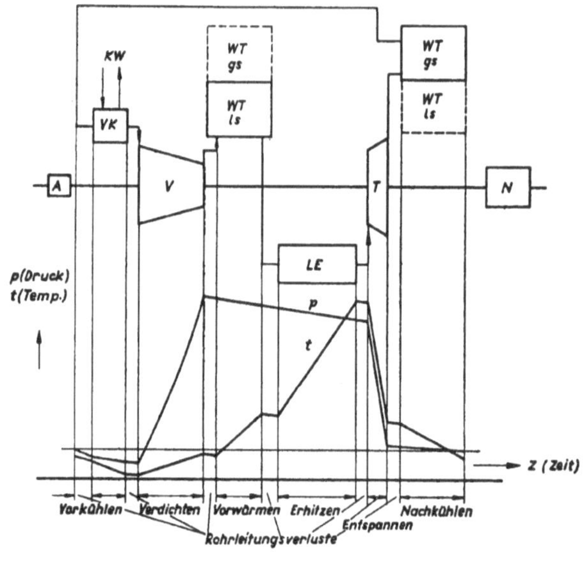

Abb. 4. Schema einer im offenen Prozeß arbeitenden Gasturbine mit Gleichdruckverbrennung und mit Wärmetauscher

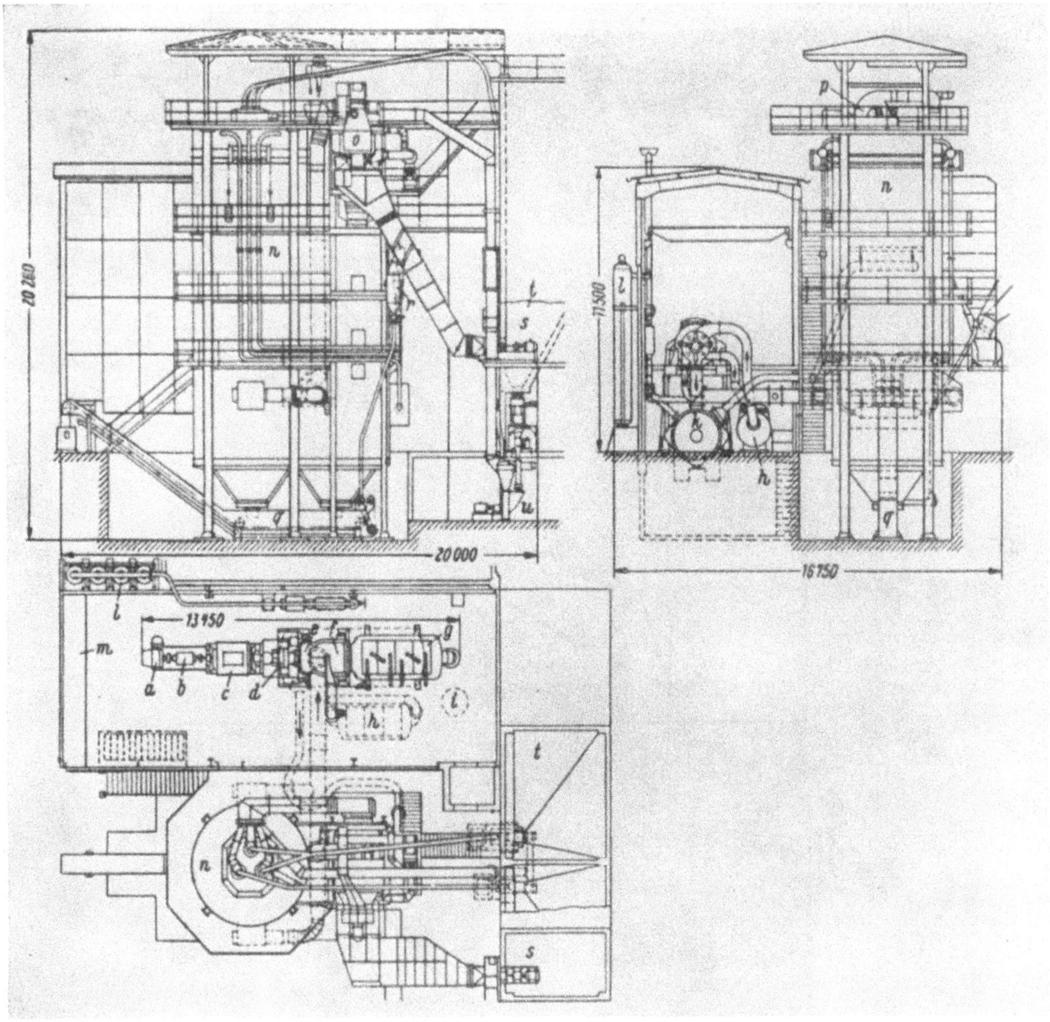

Abb. 5. 2000 kW Heißluftturbinenanlage mit Kohlenstaubfeuerung (Escher Wyss, Ravensburg)
a Anlaßmotor, *b* Erreger, *c* Stromerzeuger, *d* Getriebe, *e* Turbine, *f* Verdichter, *g* Vorkühler, *h* Zwischenkühler, *i* Heizwasserrückkühler, *k* Wärmetauscher, *l* Hochdruckbehälter, *m* Schalttafel, *n* Lufterhitzer, *o* Luftvorwärmer, *p* Frischluftgebläse, *q* Entschlacker, *r* Entstauber, *s* Abgasgebläse, *t* Kohlenbunker, *u* Kohlenmühlen

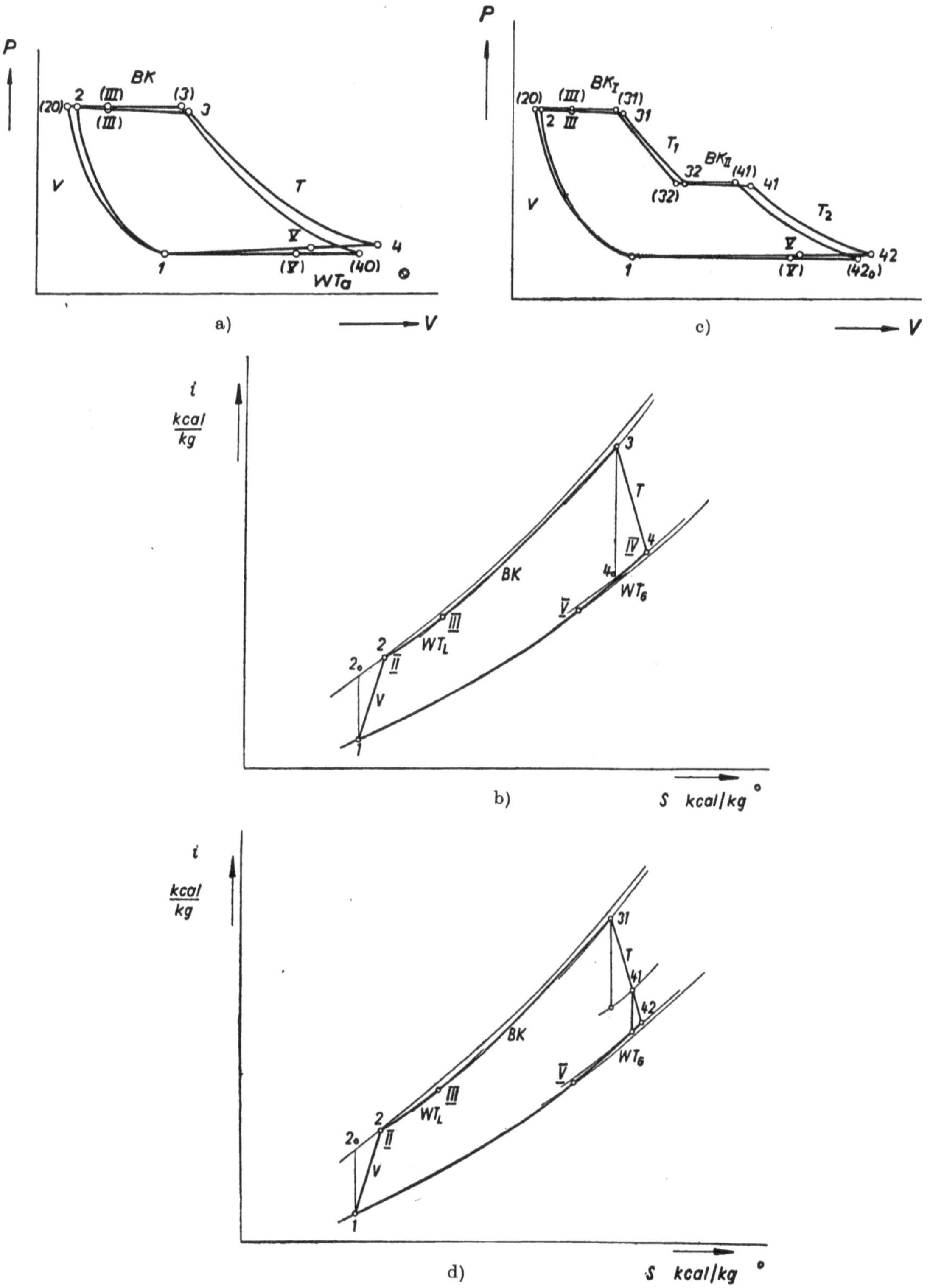

Abb. 6. Darstellung der Prozesse im P/V-Diagramm und i/s-Diagramm. a, b Einwellenanordnung, c, d Getrennte Nutzleistungsturbine (Zweiwellenanordnung)

stung und Drehzahl für das Anlaufen einer Gasturbine handelt. Gerade über die Vorausbestimmung dieser Werte liegen noch wenig Erfahrungen vor.

Je nach dem Kennfeld des Verdichters (Abb. 8) ergibt sich dessen Zusammenarbeiten mit der Turbine. Die Kennfelder können unter Vereinfachungen vorausberechnet werden. Endgültigen Wert besitzen jedoch nur Versuchsergebnisse, die an den einzelnen Aggregaten gewonnen werden.

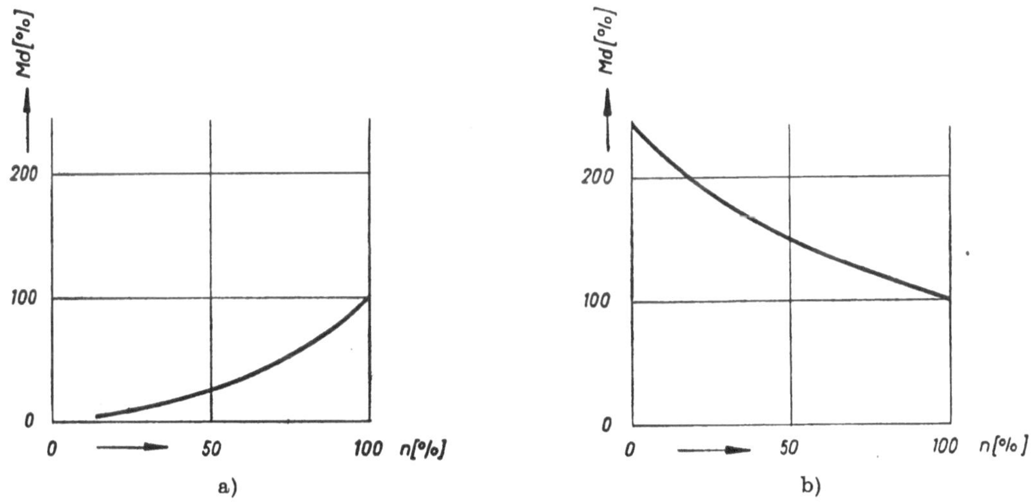

Abb. 7. Verlauf der Drehmomente in Abhängigkeit von der Drehzahl bei Einwellenanordnung (a) und bei getrennter Nutzleistungsturbine (b)

Noch schwieriger gestalten sich die Verhältnisse bei der Brennkammer. Entsprechend der Art des Kraftstoffes, dem Verbrennungsablauf und den Strömungszuständen treten hierbei Bedingungen auf, die der Rechnung bisher nicht zugängig waren. Allerdings gibt es auch hier Gesetzmäßigkeiten für die Durchtrittsquerschnitte, an deren Klärung gearbeitet wird (Abb. 9).

Die charakteristischen Abhängigkeiten der Wärmeausbeute vom Druckniveau (π) den Anlagewirkungsgraden (η_v, η_T) und der besonders maßgebenden Temperatur des Gasstromes vor Eintritt in die Turbine (τ_G) zeigt Abbildung 10. Außer der Wirkungsgradabhängigkeit kommt dieser Temperatur Bedeutung im Hinblick auf die Festigkeit der Werkstoffe im Zusammenwirken mit den mechanischen Beanspruchungen zu (Abb. 11) [2].

Aufschlußreich für den Wärmefluß sind auch Sankeydiagramme, die den Aufwand für den Nutzeffekt erkennen lassen (Abb. 12).

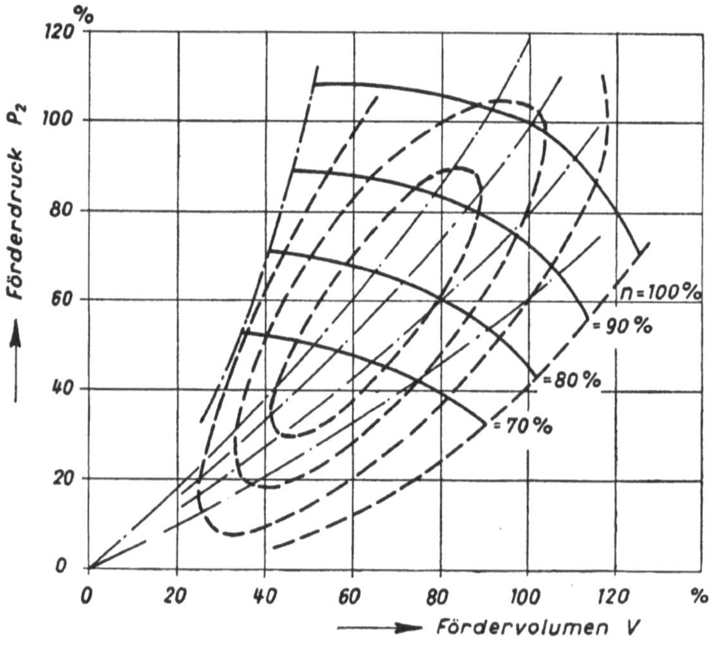

Axialverdichter

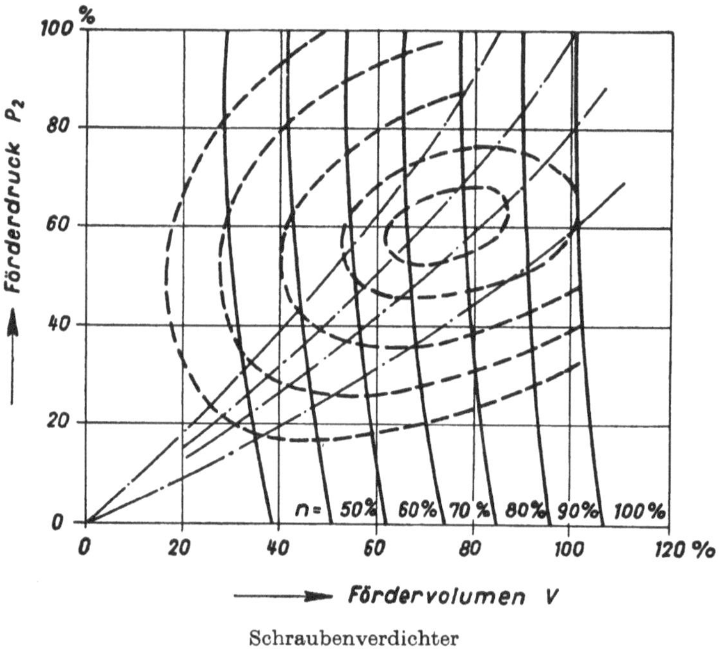

Schraubenverdichter

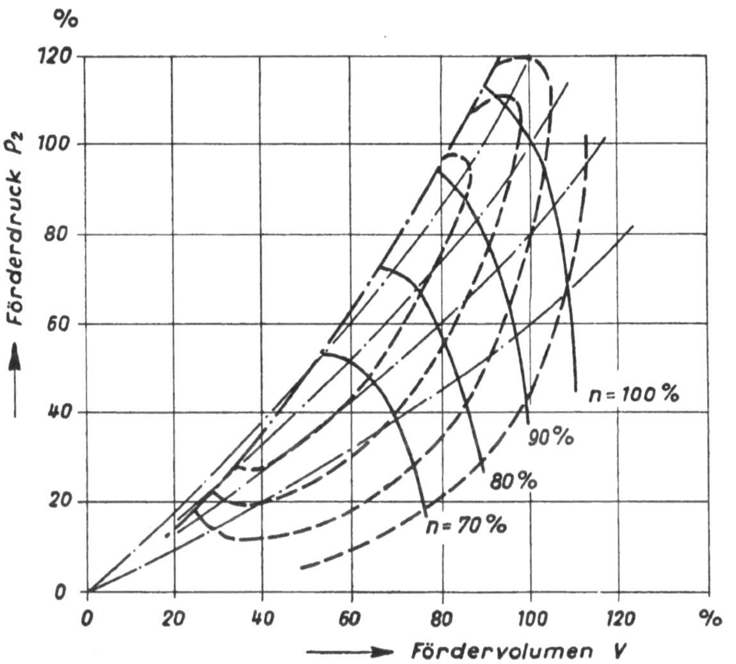

Radialverdichter

Abb. 8. Verdichterkennliniendiagramme mit eingezeichneten Turbinenkennlinien

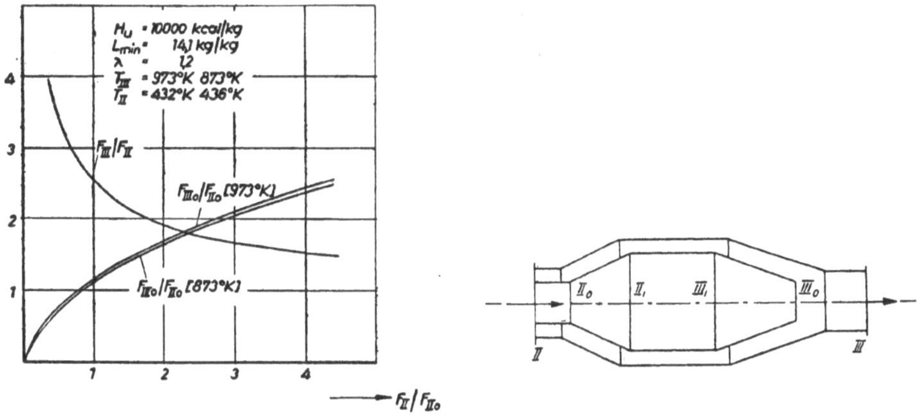

Abb. 9. Verhältnisse der Durchtrittsquerschnitte

Um diese theoretischen Erkenntnisse zu vervollkommnen und praktisch verwertbare Konstruktionen zu ermöglichen, waren und sind noch umfangreiche Untersuchungen nötig. Zwar können Teilfragen im Laboratorium unter vereinfachten Bedingungen gelöst werden. Auswirkungen im Betrieb, Vervollkommnung der Sicherheit bei theoretischen Voraussagen und die Betriebssicherheit können nur durch umfangreiche, sehr kostspielige Versuche gewonnen werden. Ähnlichkeitsbetrachtungen sind noch nicht so weit entwickelt worden, daß ihre Anwendung allenthalben zum Erfolg führt. Für die Untersuchungen sind erhebliche Investitionen an Gebäuden, mechanische, elektrische und Wärmeenergie sowie gut ausgebildetes Ingenieur- und Werkstattpersonal nötig.

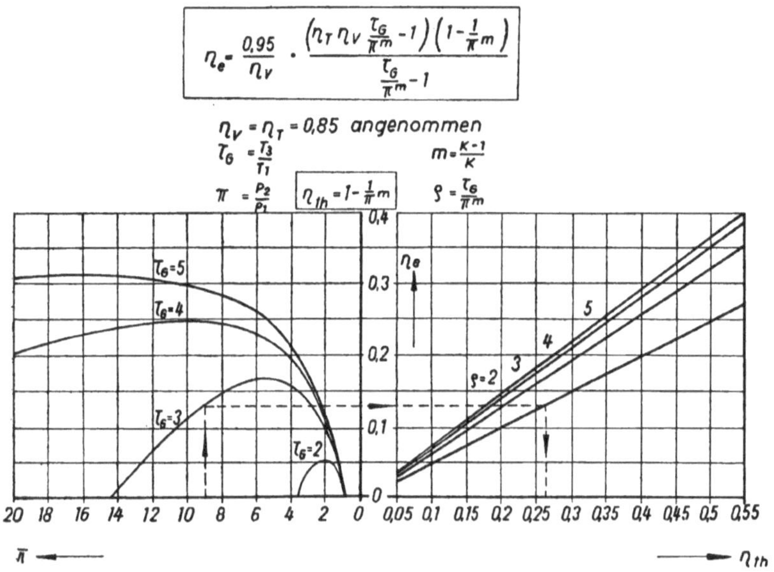

Abb. 10. Zusammenhang zwischen effektivem und thermischem Wirkungsgrad

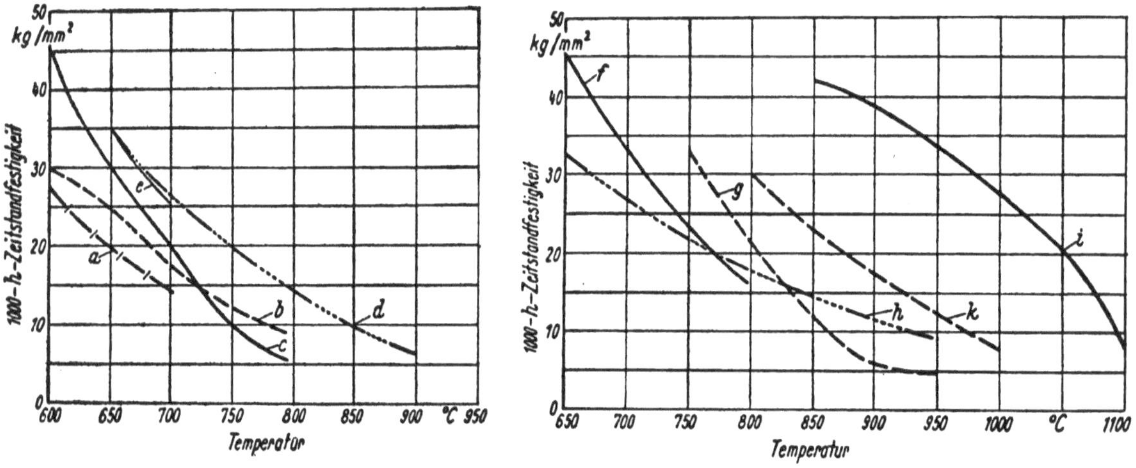

Abb. 11. Temperaturverlauf der 1000-h-Zeitstandfestigkeit für verschiedene austentische Stähle und Legierungen.

a Verlauf für Stahl mit 0,08% C, 16% Cr, 16% Ni, 2% Mo, 0,8% Nb (Rest Eisen), *b* Verlauf für Stahl mit 0,4% C, 13% Cr, 13% Ni, 10% Co, 2% Mo, 2,5% W, 3% Nb (Rest Eisen), *c* Verlauf für Stahl mit 0,1% C, 15% Cr, 30% Ni, 1,7% Ti (Rest Eisen mit Al-Zusatz), *d* Verlauf für Legierung mit 0,4% C, 20% Cr, 20% Ni, 45% Co, 4% Mo, 4% W, 4% NB, *e* Verlauf für Legierung mit 0,1% C, 16% Cr, 35% Ni, 23% Co, 4,5% Mo, 4,5% W, 1,7% Ti (Rest, Eisen; bei Austausch der 1,7% Ti gegen 5% Ta ergeben sich höhere Werte als nach Kurve *e*), *f* Verlauf für Legierung mit 0,1% C, 20% Cr, 58% Ni, 16% Co, 2,5% Ti, 1,6% Al, *g* Verlauf für Legierung mit 0,1% C, 10% Cr, 70% Ni, 6% Al, 2% N b, 0,3% B (Rest Eisen), *h* Verlauf für Legierung mit 0,5% C, 25% Cr, 10% Ni, 55% Co, 8% W (Rest Eisen), *i* Verlauf für eine Molybdän-Legierung mit 0,5% Ti, *k* Verlauf für Legierung mit 50% TiC, 30% Ni, 10% Co, 10% Cr

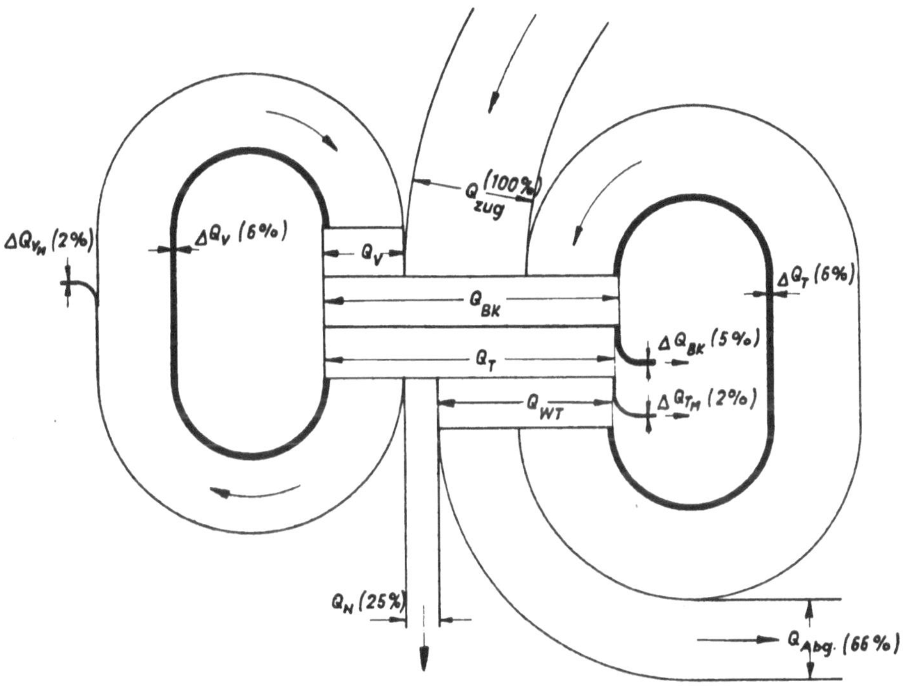

a)

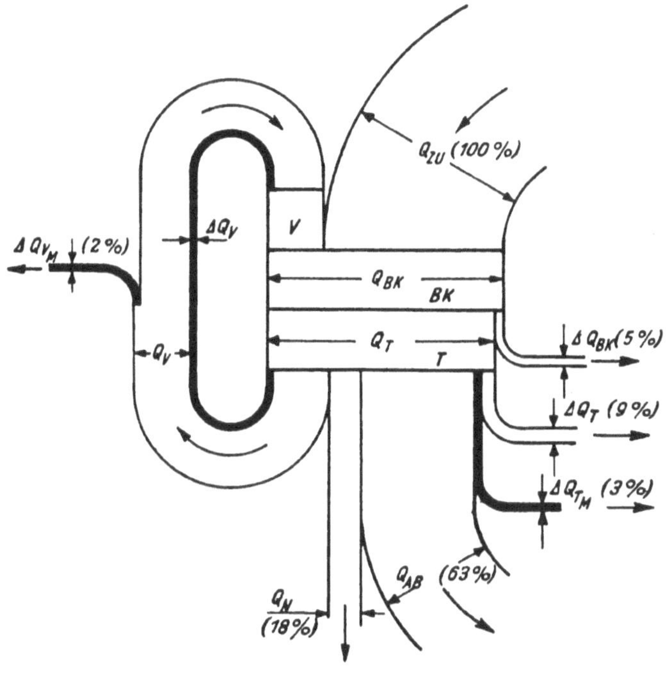

b)

Abb. 12. Sankey-Diagramm mit (a) und ohne (b) Wärmetauscher

2. Geschichtliche Entwicklung [3]

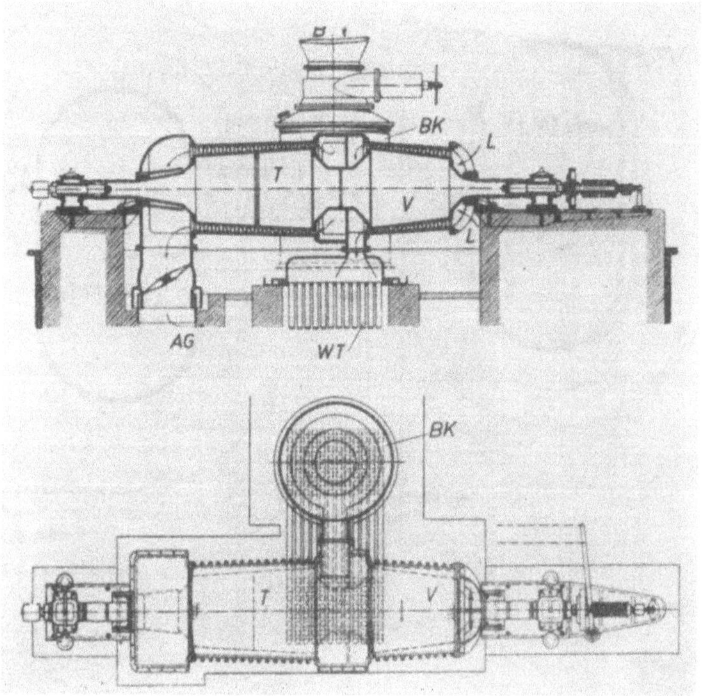

Abb. 13. Gasturbine von Stolze (1904) 15stufige Turbine, 10stufiger Kompressor (Verdichter)

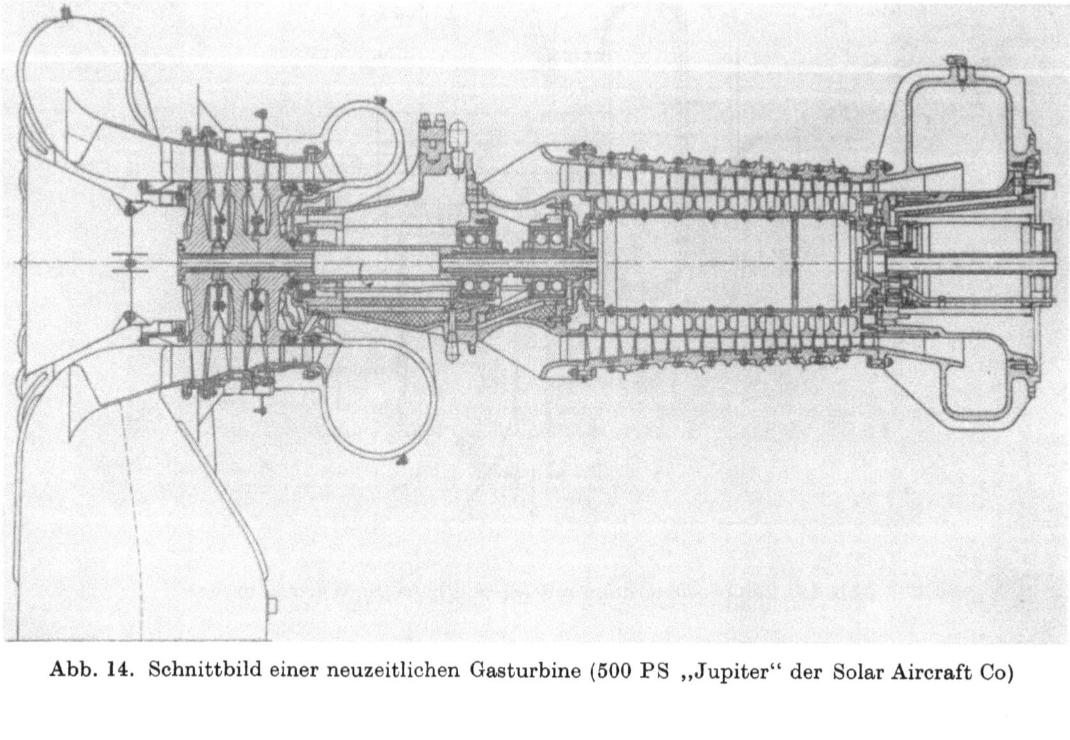

Abb. 14. Schnittbild einer neuzeitlichen Gasturbine (500 PS „Jupiter" der Solar Aircraft Co)

Die ersten Vorschläge und ausgeführten Konstruktionen von Gasturbinen geben interessante Hinweise auf Probleme, wie sie bis in die Gegenwart auftreten.

Die bereits 1872 entwickelte und um 1900 gelaufene Gasturbine von STOLZE (Abb. 13) zeigt durchaus den Aufbau, wie er auch heute noch angewendet wird (Abb. 14) [4]. Verdichter und Turbine sind direkt gekuppelt. In einem Generator wird das Brenngas entwickelt und ein Wärmetauscher sorgt durch Vorwärmung der Luft mit den Abgasen für wirtschaftlicheres

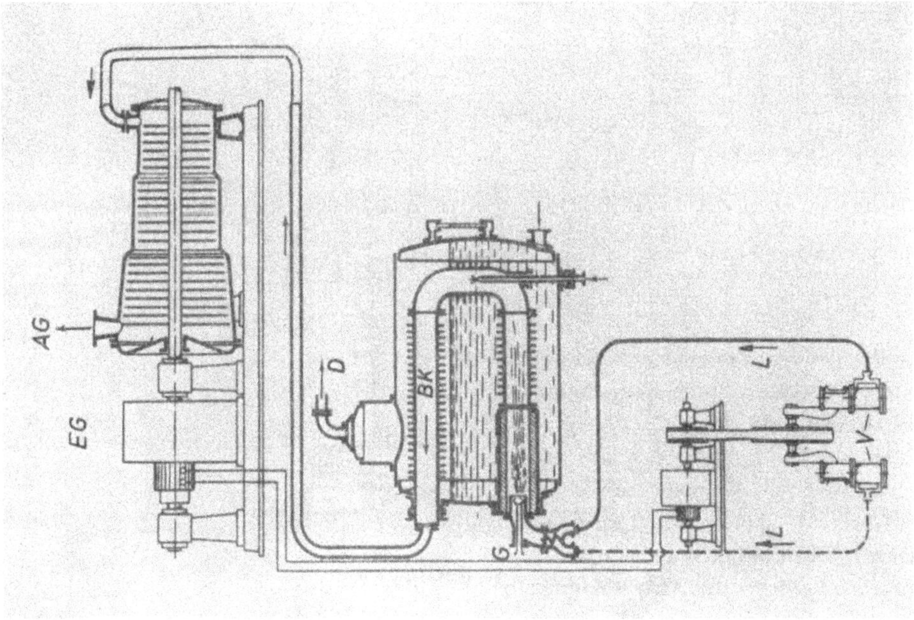

Abb. 15. Gasturbine von SEMMLER

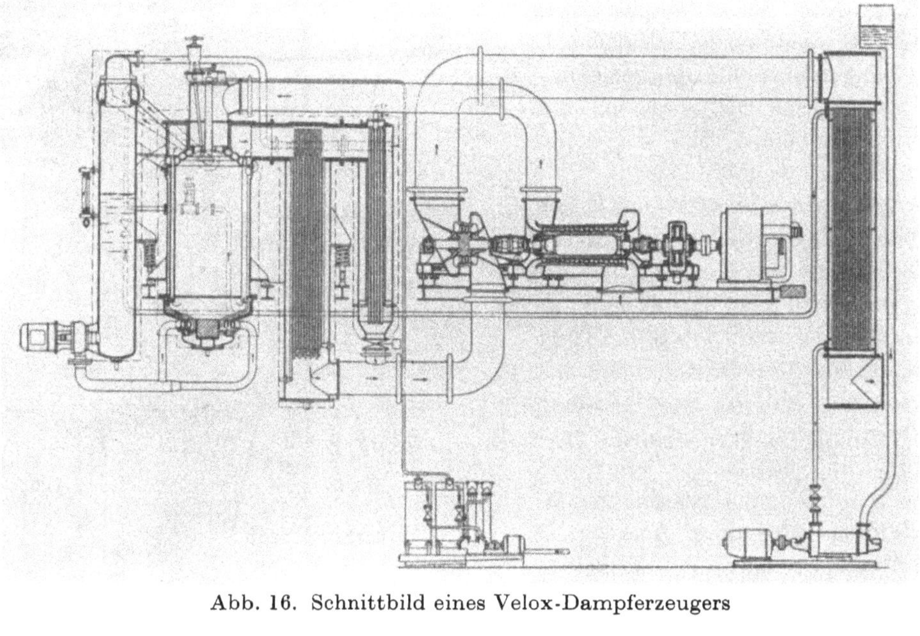

Abb. 16. Schnittbild eines Velox-Dampferzeugers

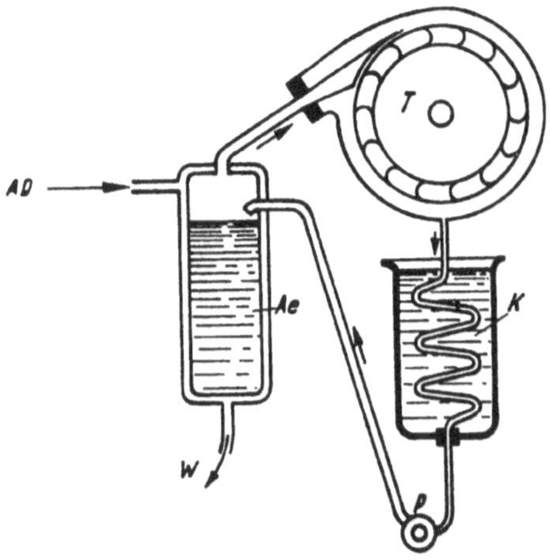

Abb. 17. Äther-Gasturbine

Arbeiten der Anlage. Einen Generator zur Erzeugung des Gases findet man heute bei Gasturbinen kaum mehr.

In einem Vorschlag von SEMMLER um 1904 sind Dampf- und Gasprozeß kombiniert (Abb. 15). Die Brennkammer, in einen Dampfkessel eingebaut, sorgt für die Dampferzeugung zum Antrieb einer Dampfturbine. Die Brenngase geben ihre Wärme bis zur Arbeitstemperatur ab, mit der sie dann in die Gasturbine eintreten. Ähnliche Konstruktionsmerkmale finden sich heute beim Velox-Dampferzeuger (Abb. 16) [5]. Auch von N. DAVEY (1911) stammt bereits ein ähnlicher Vorschlag.

Der geschlossene Prozeß (Abb. 3) findet sich bei der bereits 1820 vorgeschlagenen Ätherturbine (Abb. 17).

Für Triebwagen wird bereits mit Erfolg der Freiflugkolbenverdichter, wie er von JUNKERS gebaut wurde, mit einer die Abgase verarbeitenden Gasturbine als Antriebsaggregat verwendet (Abb. 18) [6]. Der Freiflugkolbenverdichter dient zur Luftverdichtung und als Brennkammer. Der Wirkungsgrad dieser Anlage liegt über 40% und überbietet damit alle bekannt gewordenen Gasturbinenanlagen. Allerdings wird diese Ausführung nur bis zu Leistungen von höchstens 1000 PS angewendet. Massenkräfte und

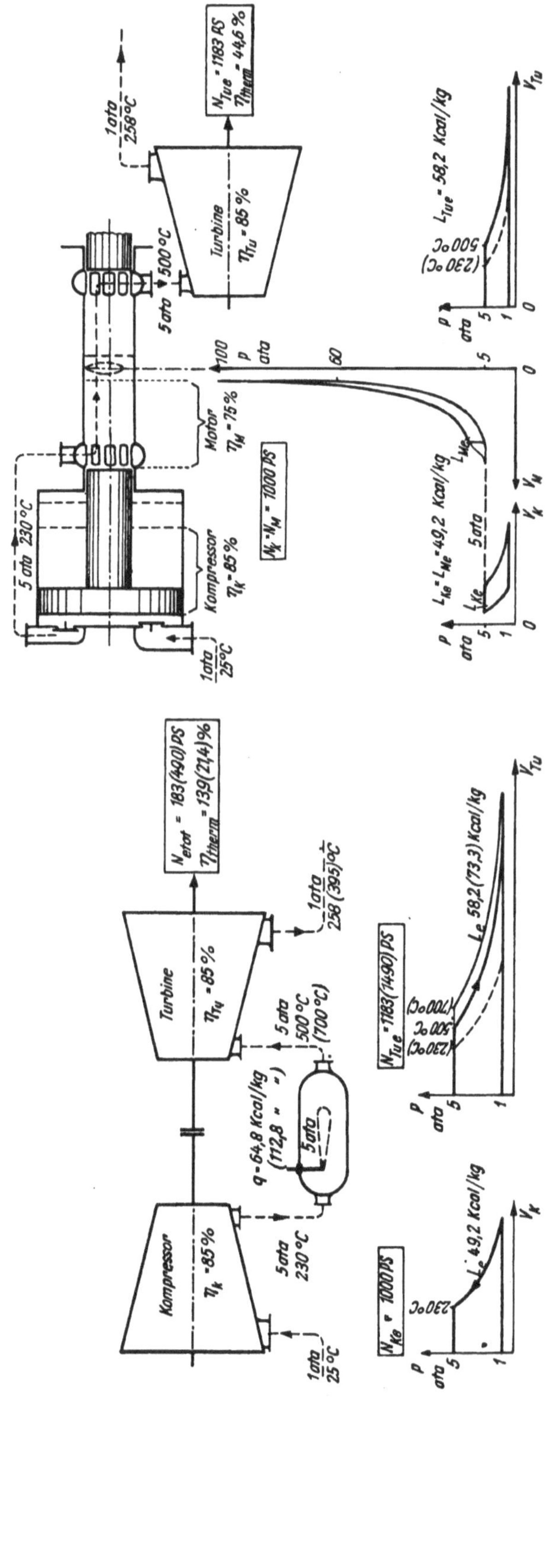

Abb. 18. Schema eines offenen Gasturbinenprozesses und eines Freikolbengeneratorprozesses mit Gasturbine

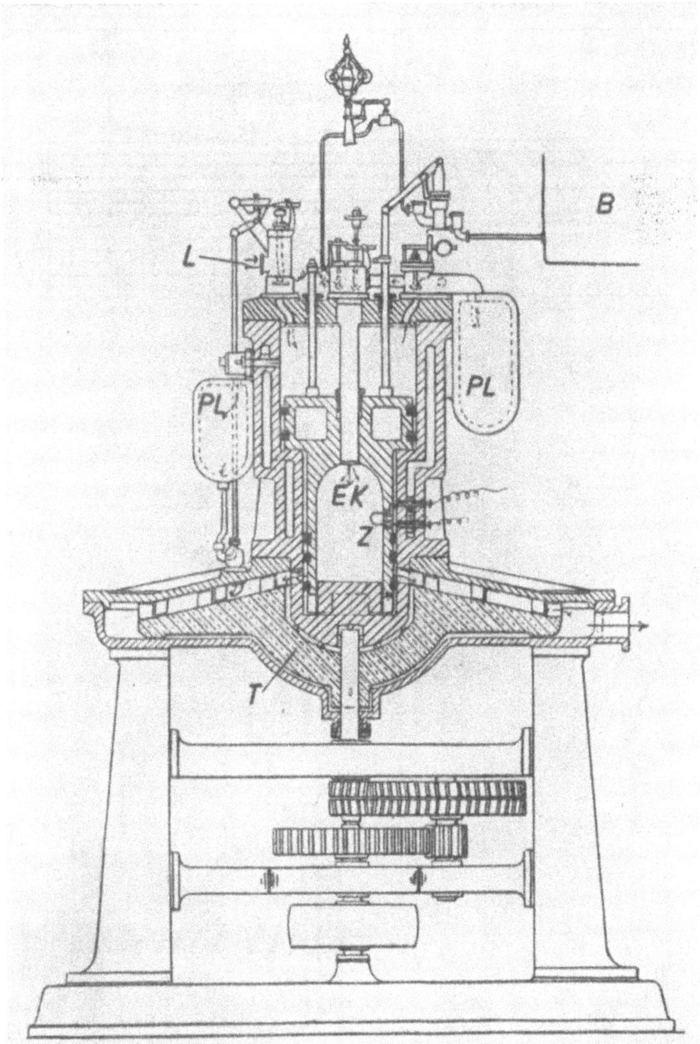

Abb. 19. Kombinierte Luft- und Gasturbine von BRAUN

Durchsatz verhindern die Ausführung größerer Einheiten. Bereits 1899 wurde ein Vorschlag ähnlicher Art durch BRAUN bekannt. Er enthält die gleichen Bauteile, wenn auch in anderer Ausführung und Anordnung. Die Maschine besitzt jedoch nur einen Kolben (Abb. 19).

Die Verpuffungs-Verbrennungsräume, als Schmidt-Rohr bekanntgeworden, nutzten zunächst nur den Rückstoß aus. Neuerdings geht man dazu über, diese auch zur Wärmeübertragung und Energieerzeugung zu verwenden [7, 8]. Bereits ARMENGAUD und KARAVODINE (1906) haben betriebsfähige Vorschläge unterbreitet (Abb. 20).

Es handelt sich hierbei um selbstansaugende Brennräume, bei denen durch eine einstellbare, schwingende Membran die Zahl der Füllungen und damit Verbrennungen in der Zeiteinheit gesteuert wird. Die Arbeitsstoffmenge wird durch Druckänderungen und Querschnittsbemessung dem Brennraum zugeteilt. Neuere Ausführungen (Abb. 21) arbeiten mit aerodynamischen Ventilen. Diese sind so ausgebildet, daß der stets offene Eintrittsquerschnitt

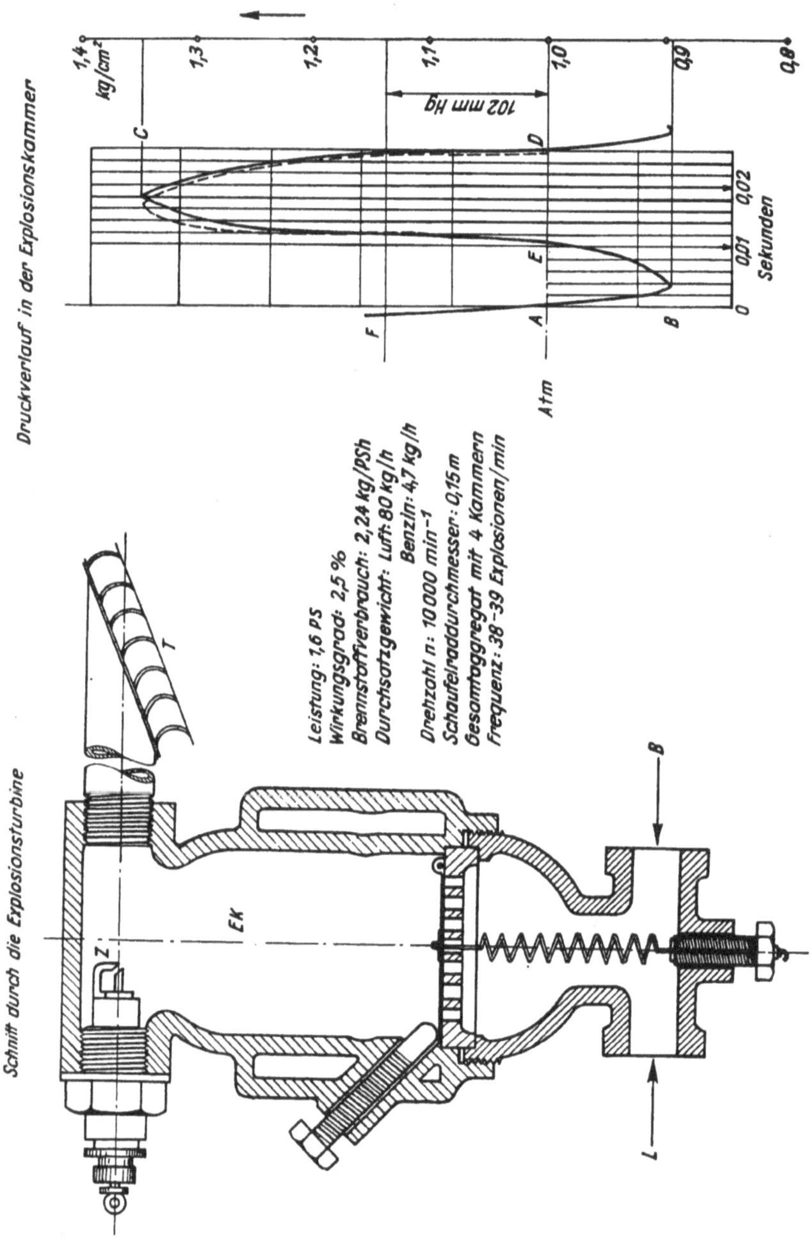

Abb. 20. Explosionsturbine von Karavodine mit Diagramm für Druckverlauf

für die Luft, deren Einströmen geringen, dem Rückströmen der Brenngase zur Eintrittsöffnung jedoch großen Widerstand entgegensetzt. Dadurch kann trotz der pulsierenden Verbrennung ein kontinuierlicher Strom vom Eintritt zum Austritt, wenn auch mit Verlusten, erreicht werden. Entsprechende konstruktive Ausbildung sorgt für Erhöhung der Wirtschaftlichkeit. Die Entwicklung kann auch auf diesem Gebiet als noch nicht abgeschlossen angesehen werden.

Den älteren Vorschlägen haftet natürlich die Unvollkommenheit des damaligen Erkenntnisstandes der Technik an. Daher sind viele der zahlreichen Vorschläge nicht verwirklicht

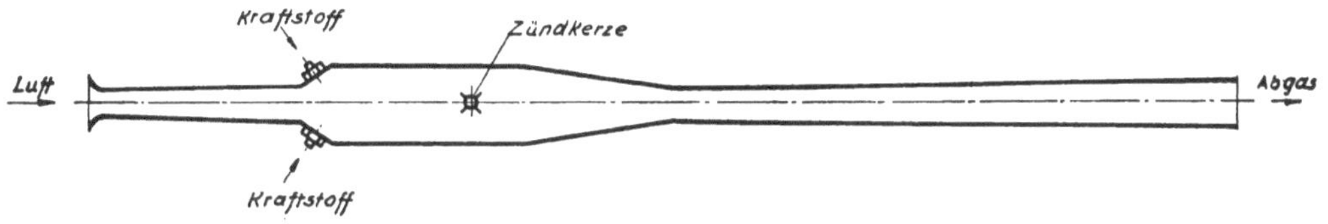

Abb. 21. Offenes Strahlrohr

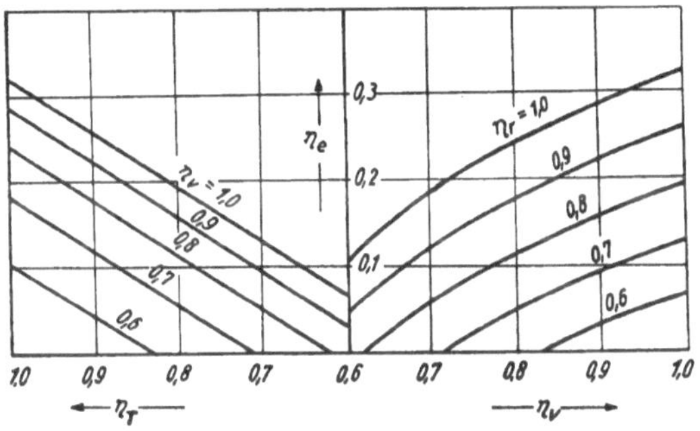

Abb. 22. Abhängigkeit des effektiven Wirkungsgrades vom Turbinen- und Verdichterwirkungsgrad

Abb. 23. Petroleumturbine

worden. Aus Abbildung 22 ergibt sich, daß die Wirkungsgrade der Einzelaggregate den Gesamtwirkungsgrad erheblich beeinflussen. Die damaligen Kenntnisse der Aerodynamik, der Fertigungstechnik und der Metallurgie genügten nicht, um diese Bedingungen zu erfüllen.

Dennoch sind mit den ersten Aggregaten erfolgreiche Versuche durchgeführt worden. Einige davon, besonders die Konstruktion von LEMALE, die als Torpedoantrieb verwendet wurde, fanden bereits 1911 Eingang in die Praxis (Abb. 23). Da die Verdichterwirkungsgrade zu gering waren, um den Betrieb der Anlage zu gewährleisten, wurde verdichtete Luft in

Nummer	1	2	3	4	5	6	7	8	9	10
Art der Anlage und Erbauer	Versuchsturbine von soc. anon. d. Automonteurs	Petroleumturbine für Torpedos	Gas-Dampferzeuger u. Turbine v. Lemale I.	II.	Explosionsturbine von Karavodine	Turbine von Armengaud	Gasturbine von Ziselsyi	Gasturbine von Holzwarth	Verpuffungsturbine von Holzwarth	Gasturbine von Holzwarth
Leistung PS	25,5	120 (80 sec. lang)	—	—	—	—	—	—	1200	5000
Wirkungsgrad $^0/_0$	—	5,8	—	3	2,5	—	—	—	20	38
Verbrauch	Petroleum u. Wasserzusatz	in 80 sec: 28 „ Luft 11 kg Wasser 1,6 „ Petrol.	—	6 mal größer als ein Ölmotor	—	—	—	Steinkohlenteeröl; Kraftgas	—	—
Turbineneintrittstemperatur °C	—	—	—	520	—	—	—	400	—	375 ÷ 400
Drehzahl der Turbine U/min	20000	14000	—	4250	10000	—	Anlassen 120 Normal $\frac{500}{1000}$ ÷	—	3000	3000
Verdichterleistg. PS	—	—	5,7	400	—	—	—	—	—	—
Drehzahl d. Verdichters (bzw. Anzahl der Explosionen pro sec.)	—	—	10000	—	(30—40)	(3)	—	—	—	—
Druckverhältn. (bzw. Druck in d. Brennkammer)	(5 ata)	(6 ata)	(0,13 atü)	5	(1,1 ÷ 1,35 atü)	(2 ÷ 3 ata)	—	—	—	—
Wirkungsgrad d. Verdichters $^0/_0$	—	—	48	61,5	—	—	—	—	—	—
Bemerkungen:	u = 157 m/s t_4 = 380 °C Betrieb mit heißen Gasen 3,3 PS Verbrauch: 330 kg Luft/h 179 kg Wasser/h, 17,4 kg Petrol./h Spez. Verbr. 5,25 kg/PSh. Petrol. mit Wasserzusatz =4,5 mal höhere Leistung Spez. Verbrauch 1,18 kg/PSh	Druck beim Austritt aus der Turbine 1 at. Getriebe untersetzt auf n = 1500 U/min spez. Verbr. 0,6 kg/PSh	—	—	—	—	—	Zusammensetzung des Kraftgases: Anthrazit; Leuchtgas; Benzin; Petroleum; Gasöl; Steinkohlenteeröl, Kohlenstaub. Schaufelmaterial: Nickelstahl	—	—

Abb. 24. Versuchsergebnisse älterer Gasturbinenanlagen

Druckbehältern oder aus einer Druckluftleitung den verhältnismäßig kleinen Anlagen zugeführt. Die angegebenen Wirkungsgrade der Gesamtanlage enthalten daher nicht die Verdichterwirkungsgrade (Abb. 24). Sie sind sehr niedrig, ausgenommen allerdings die Werte des Gleichraumprozesses nach HOLZWARTH, welche allerdings bedeutend später (1920), jedoch ebenfalls ohne Verdichter, gewonnen wurden [9].

Diese Anlagen sind teilweise heute noch seit über 20 Jahren in Betrieb.

Aus diesem Anfangsstadium haben sich die gegenwärtig betriebenen Gasturbinenanlagen entwickelt.

3. Gasturbinenanlagen der Gegenwart

Die Entwicklung zu den heute in Betrieb befindlichen Anlagen führte in den meisten Ländern erfolgreich über die Flugzeugantriebe (Abb. 25) [10], wenn auch in manchen Fällen die Entwicklung stationärer Anlagen bevorzugt wurde.

Man baut ortsfeste Einheiten bis zu 25 MW und projektiert bereits solche von 50 MW in der Schweiz und den USA [11].

Über die Leistungsgrenzen sind bisher die Meinungen noch nicht einheitlich. Kleine Aggregate mit 50 PS bis zu großen Anlagen mit über 20 MW wurden erstellt und werden erfolgreich betrieben.

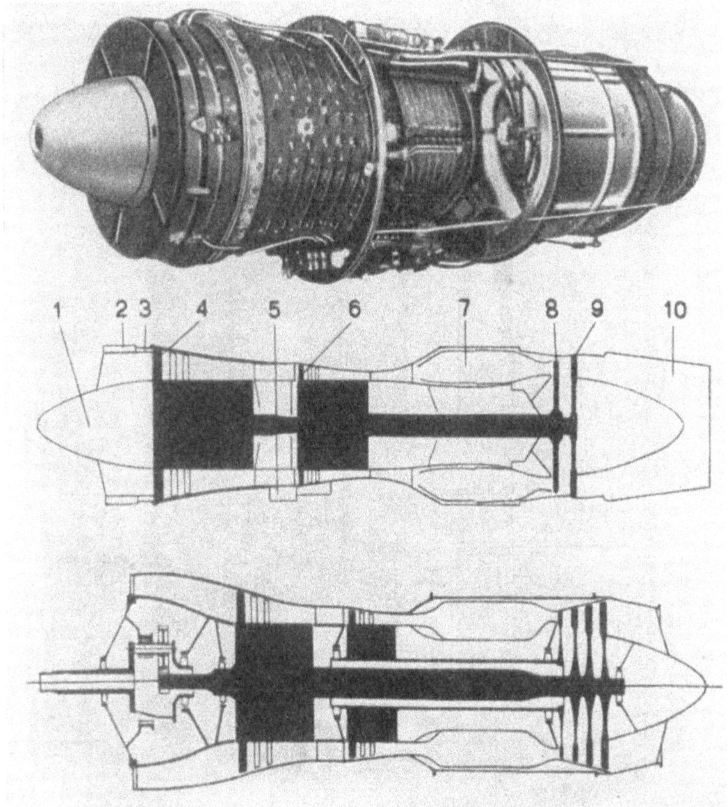

Abb. 25. Flugzeugtriebwerk

1 Generator in der Einlaufnase, *2* Schmierstoff-Ringbehälter, *3* Enteisung, *4* ND-Verdichter, *5.* Kraftstoffpumpe, *6.* HD-Verdichter, *7.* Ringbrennkammer, *8.* Turbine für HD-Verdichter, *9.* Turbine für ND-Verdichter, *10.* Schubrohr

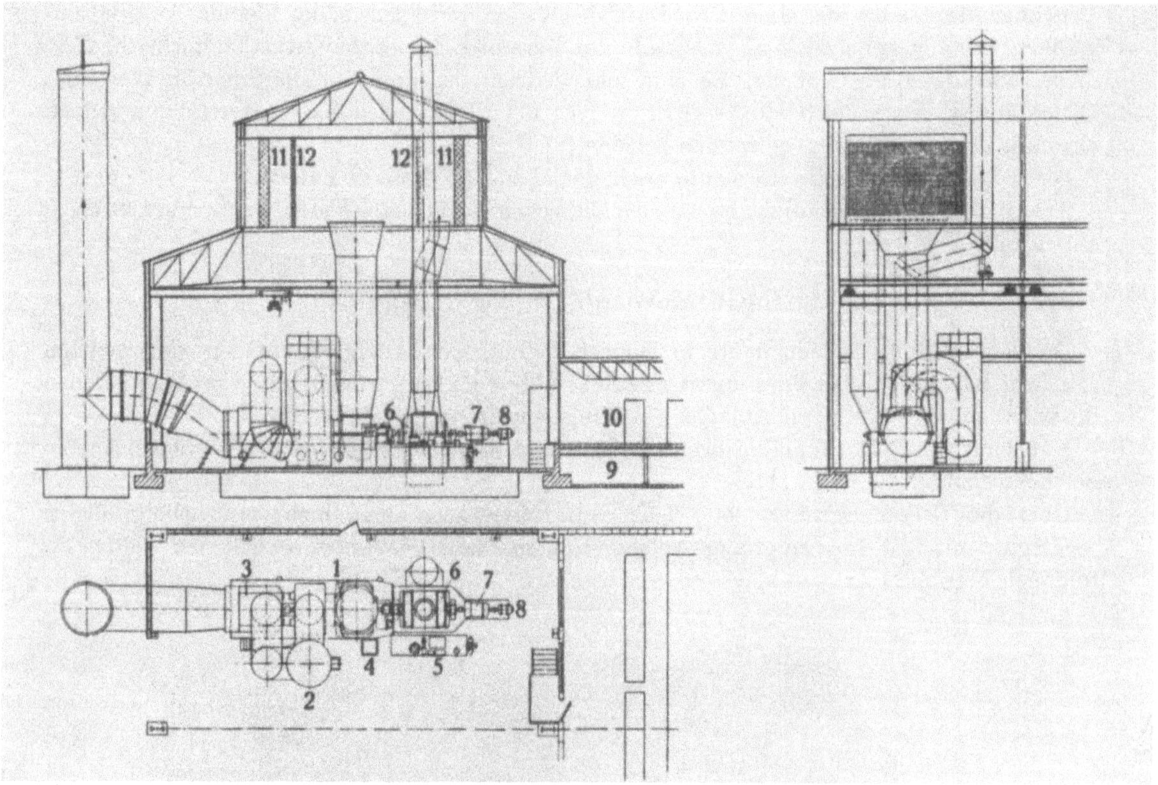

Abb. 26. Gasturbinenkraftzentrale Beznau

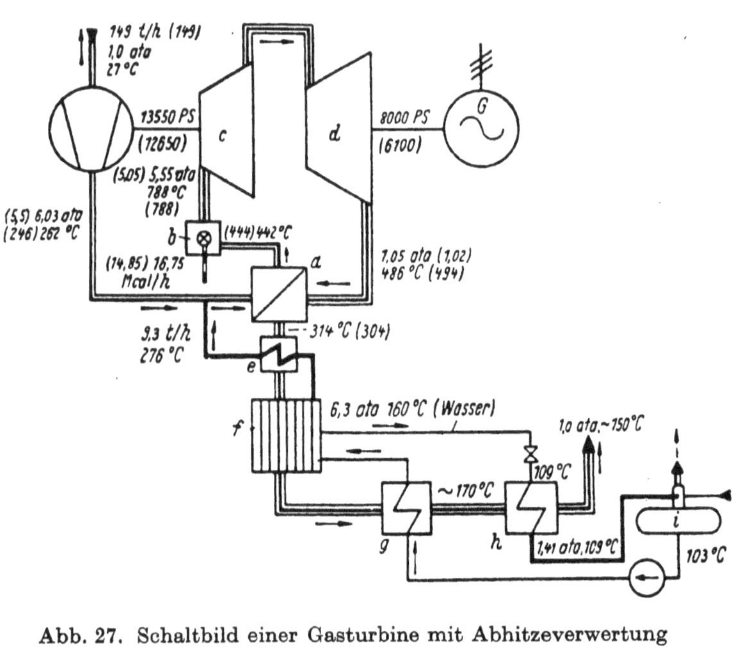

Abb. 27. Schaltbild einer Gasturbine mit Abhitzeverwertung

a Regenerator, *b* Brennkammer, *c* Verdichterturbine, *d* Leistungsturbine, *e* Überhitzer, *f* Abhitzekessel, *g* Wasservorwärmer, *h* ND-Verdampfer, *i* Entgaser, Werte der bisherigen Anlage in Klammern

Die kleinen Anlagen haben Wirkungsgrade von etwa 5% und die größten überschreiten 30% beim offenen Gleichdruckprozeß.

Die Verwendung als Grundlast zur Energieerzeugung (Abb. 26) ist seltener [12]. Man kuppelt lieber Kraft und Wärme und erhält eine höhere Wirtschaftlichkeit. Dabei werden auch Dampf- und Gasprozeß miteinander verbunden (Abb. 27) [13].

Spitzenkraftwerke entsprechen ganz besonders dem Charakter der Gasturbine, da hierbei mittelgroße Leistungen verlangt werden, und als Bedingung eine schnelle Betriebsbereitschaft gestellt wird (Abb. 28) [14].

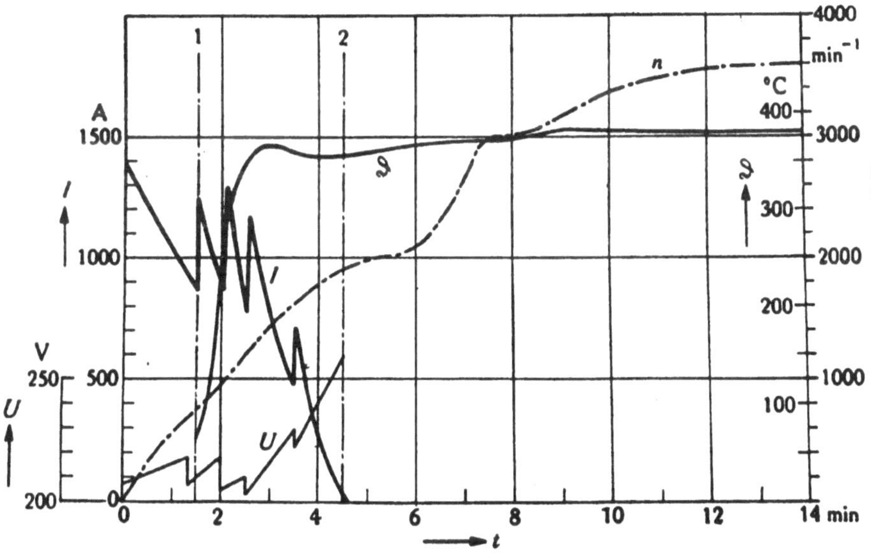

Abb. 28. Anfahrkurven der fahrbaren Gasturbinenzentrale

1 Zünden d. Brennst. in d. Brennkammer, *2* Anwurfmotor abstellen, *n* Drehzahl der Gasturbine, *ϑ* Temperatur vor der Gasturbine, *I* Stromaufnahme des Anwurfmotors, *U* Batteriespannung

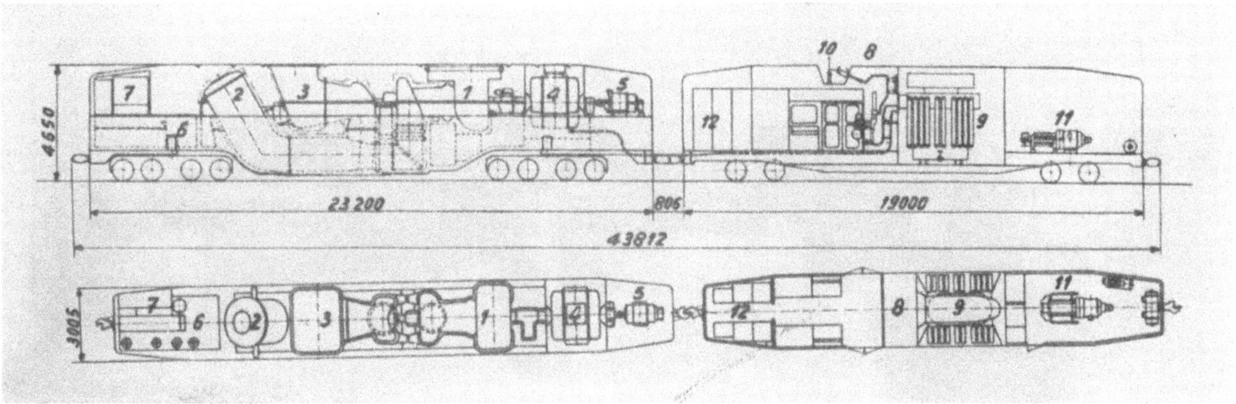

Abb. 29. Anordnung der Anlageteile im Gasturbinenwagen (links) u. Schaltwagen (rechts)

1 Luftverdichter, *2* Brennkammer, *3* Gasturbine, *4* Generator, *5* Erreger, zugl. Anwurfmotor, *6* Brennstoffbehälter, *7* Kontrolltafel, *8* Hochspannungs-Schaltzelle, *9* Haupttransformator, *10* Anschluß f. d. abgehende Leistung, *11* Hilfsmotor, *12* Anwurfbatterie

Aus diesen Motiven heraus ist auch eine fahrbare Gasturbinenstation entwickelt worden. Die Vorteile sind durch geringes Gewicht und geringen Raumanspruch, die schnelle Einsatzbereitschaft überall dort, wo ein Eisenbahnnetz besteht und die Unabhängigkeit von Wasservorkommen gefordert wird, bedingt (Abb. 29) [14].

Gelingt es, die Anlage unempfindlich, zumindest gegen flüssige Kraftstoffe auszulegen, so ist sie universell einzusetzen.

Überall dort, wo Rohöl gefunden und gefördert wird, liegt es nahe, Gasturbinen beispielsweise als Pumpenantrieb einzusetzen (Abb. 30). Allerdings müssen die Brennkammern in der Lage sein, das Rohöl störungsfrei zu verarbeiten.

Auch Lokomotivantriebe mit Gasturbinen sind gebaut worden. Die erste derartige Lokomotive wurde in der Schweiz vor etwa 20 Jahren untersucht (Abb. 31) [15]. In England und den USA laufen ebenfalls Gasturbinenlokomotiven (Abb. 32) [16]. Die Wirtschaftlichkeit wird besser als die von Dampflokomotiven angesehen. Allerdings bringt die Forderung nach Betriebssicherheit umfangreichere Überwachungs- und Regelungseinrichtungen mit sich. Dadurch ist sie der Dampflokomotive unterlegen. Bei größeren Einheiten ist auch mehr Bedienungspersonal nötig. Umfangreiche Erkenntnisse im Schiffsbetrieb wurden mit dem Tanker „Auris" gesammelt (Abb. 33). Über die im offenen Gleichdruckprozeß arbeitende Anlage liegen wertvolle Betriebserfahrungen vor (Abb. 34) [17].

Kleingasturbinen werden als Hilfsmaschinen und in Sonderfällen als Einzelantriebe beispielsweise zum Antrieb von Kraftfahrzeugen verwendet.

Sofern es sich um kurzzeitig eingesetzte Aggregate wie Feuerlöschpumpen (Abb. 35) [18] o. ä. handelt, kann man trotz des geringen thermischen Wirkungsgrades eine solche Anwendung in Betracht ziehen. In allen anderen Fällen muß man den Fortschritt der weiteren Entwicklung abwarten, bevor eine endgültige Stellungnahme möglich sein wird [19]. Grundsätzlich sind für Gasturbinenanlagen alle Arten von Kraftstoffen geeignet. Am einfachsten lassen sich Benzine, Dieselöle und Gase verarbeiten. Schweröle und feste Kraftstoffe, auch als Staub, bringen Schwierigkeiten mit sich.

Es hat sich gezeigt, daß mit zunehmender Leistung im Laufe der Jahre eine Wirkungsgradsteigerung möglich ist. Der Grund dafür liegt in den fortschreitenden Erkenntnissen der Wissenschaft, aber auch in größeren Abmessungen der Aggregate (Abb. 36). Dadurch können die spezifischen Verluste verringert und die Fertigungsgenauigkeiten erhöht werden.

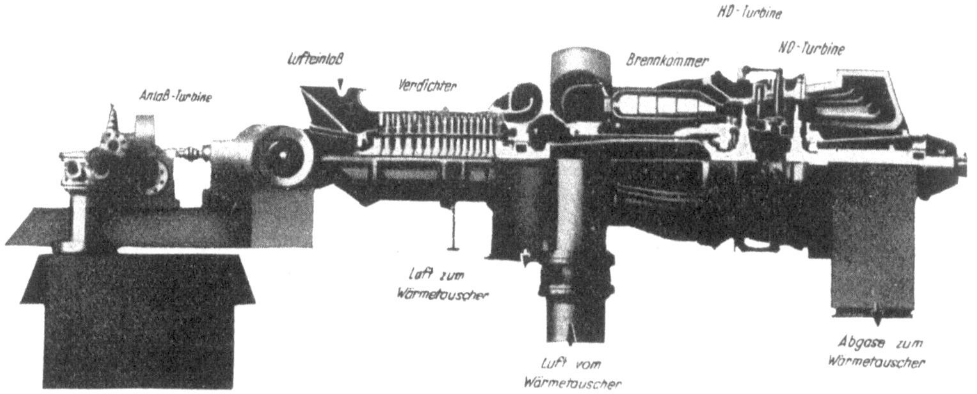

Abb. 30. 5000-PS-Gasturbine der „General Electric Company"
Wirkungsgrad: 15%, Wirkungsgrad: 24% (bei Zweiwellenanordnung u. Wärmetausch), Wirkungsgrad: 26% (mit Zwischenkühlung etwa), Druckverhältnis: 5,5; 6; 9

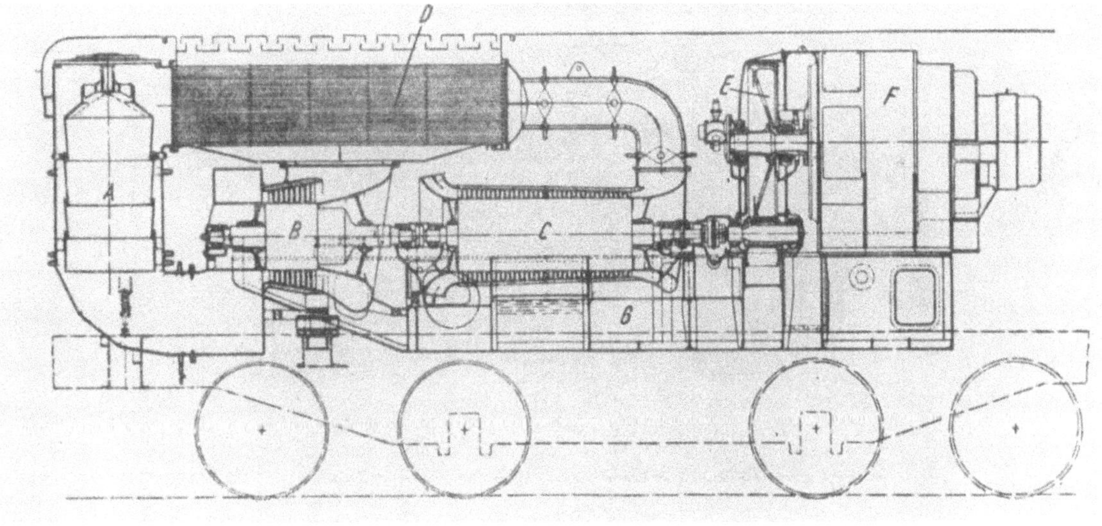

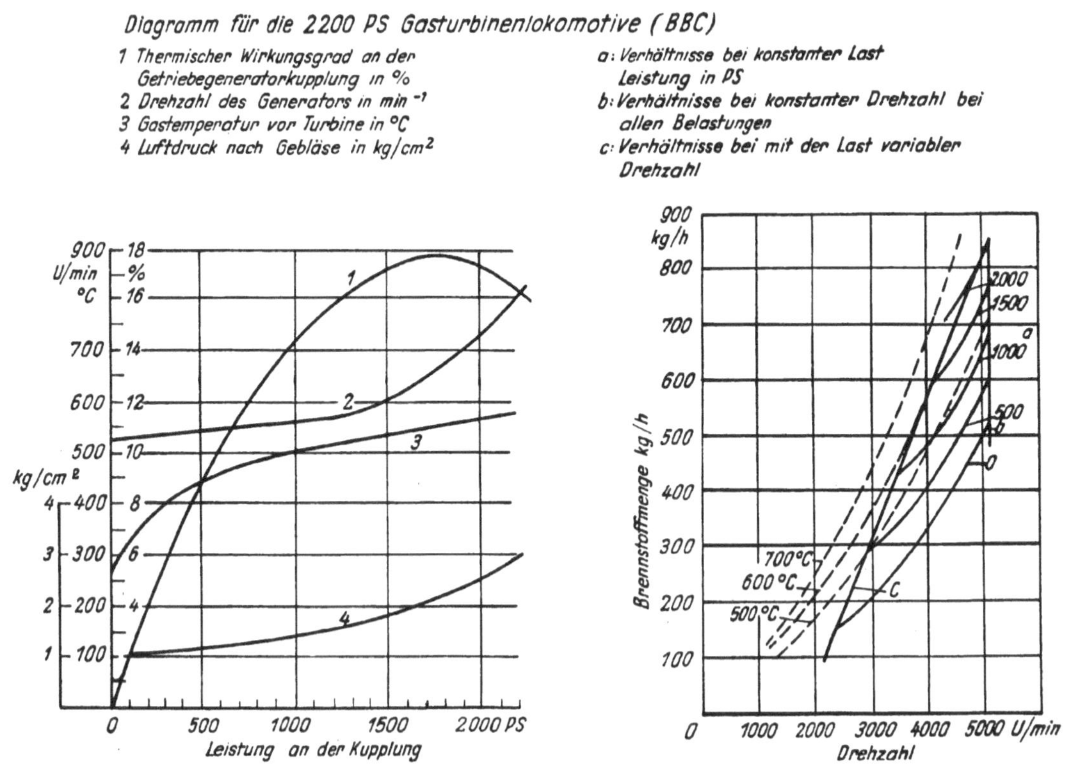

Abb. 31. Längsschnitt durch die Gasturbinengruppe einer Lokomotive der AG-Brown-Boveri & Co., Schweiz

A Brennkammer, *B* Gasturbine, *C* Verdichter, *D* Vorwärmer, *E* Getriebe, *F* Generator, *G* Maschinen- oder Hilfsrahmen

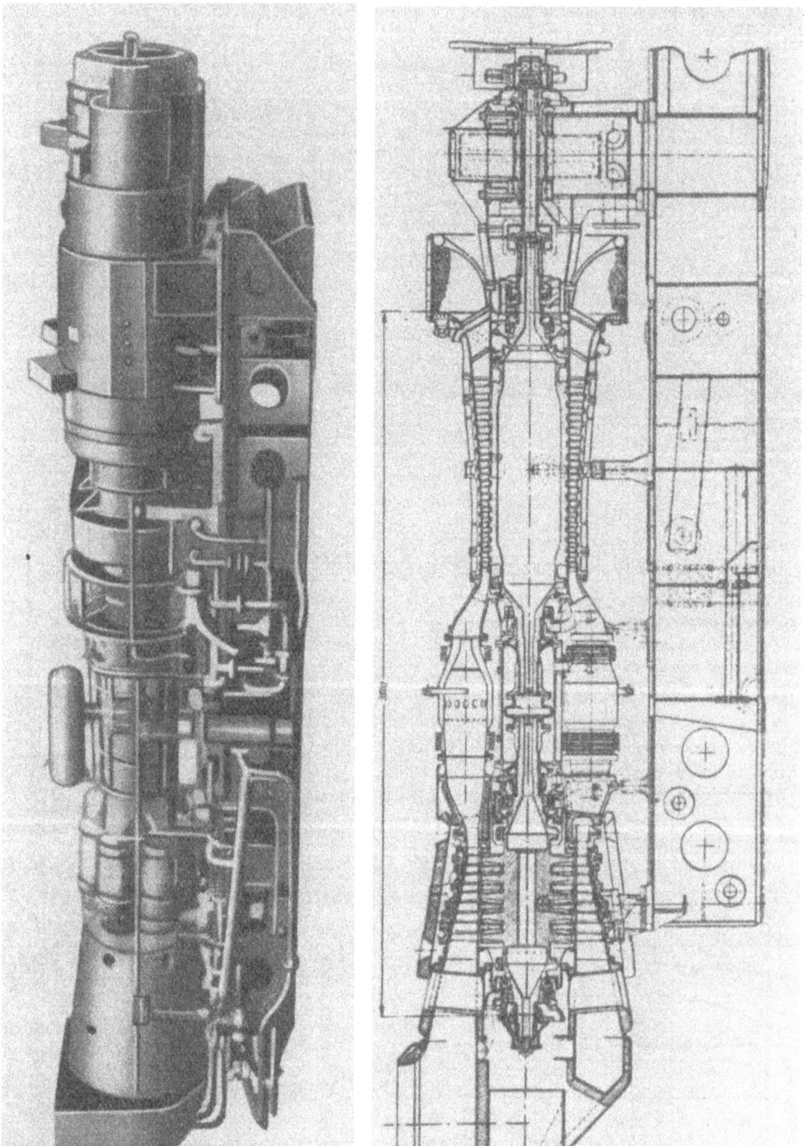

Abb. 32. 3000-PS-Lokomotivgasturbine der Metropolitan-Vichers

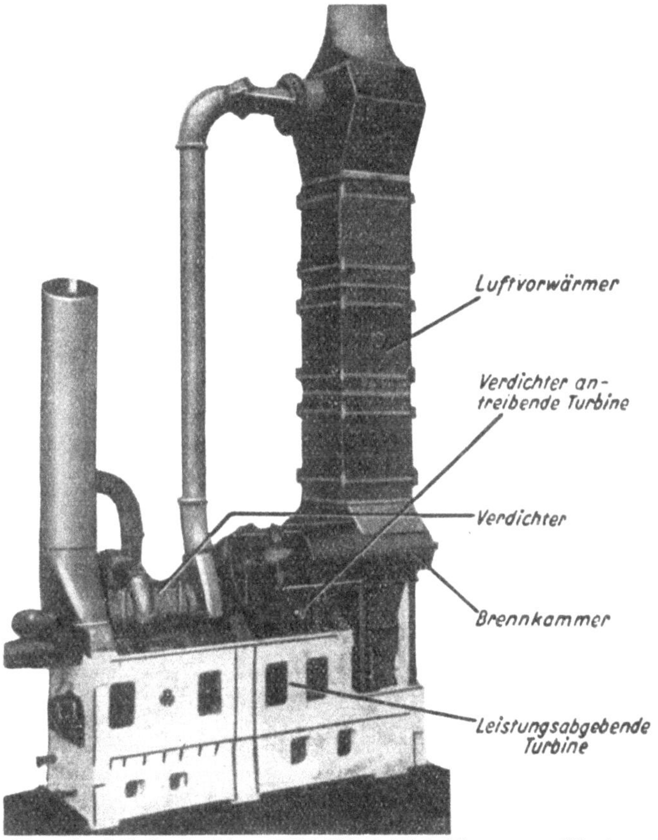

Abb. 33. „Auris"-Gasturbine (1200 PS British Thompson Houtson Ltd)

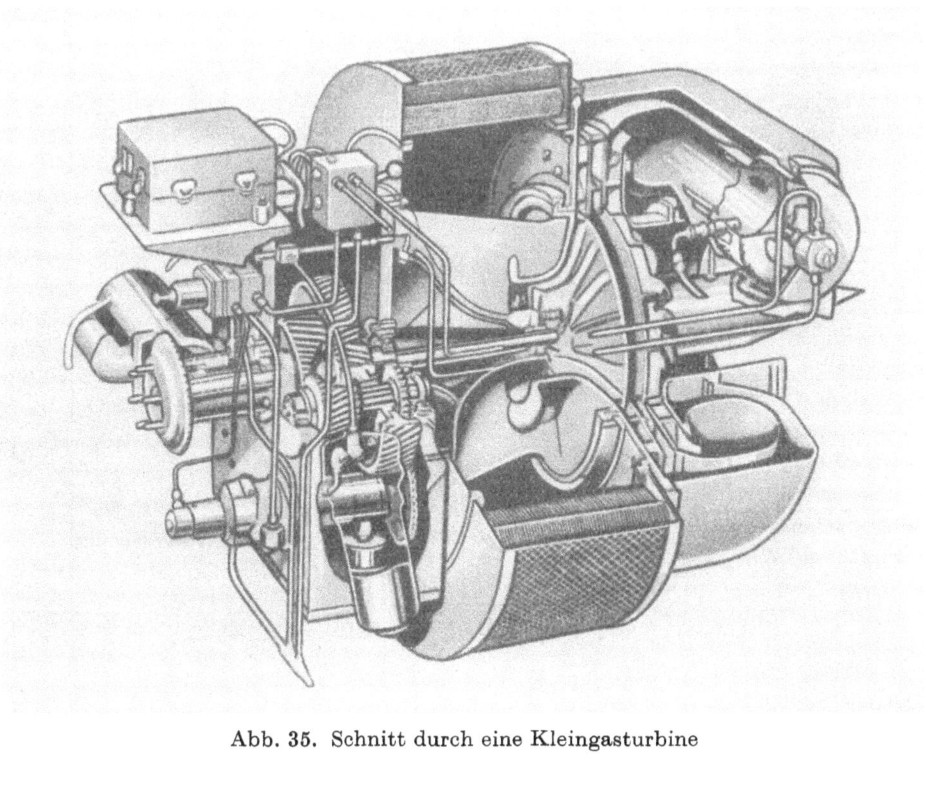

Abb. 35. Schnitt durch eine Kleingasturbine

Versuchsdaten der „Auris"-Gasturbinenanlage	4. Januar 1951 Vollast, Gasöl		25. Jan. 1951 Maximallast, Bunkoöl
	Versuchswerte	korrigiert auf Auslegungswerte	Versuchswerte
Kompressoreinlaß:			
Temperatur °C	6	20	4
Druck ata	0,662	0,996	0,965
Kompressorauslaß:			
Temperatur °C	160	182	167
Druck ata	3,83	3,97	4,11
Brennkammereinlaß:			
Temperatur °C	252	278	260
Druck ata	3,79	3,92	4,04
Hochdruckturbineeinl.:			
Temperatur °C abgeles.	558,5	601	585
Temperatur °C gerechnet	556	598	589
Druck ata	3,68	3,82	3,94
Niederdruckturbine-einlaß:			
Temperatur °C	412	447	438
Druck ata	1,536	1,593	1,60
Wirkungsgrade $^0/_0$:			
Kompressor	87,0		86,3
Hochdruckturbine	85,2		84,3
Niederdruckturbine	88,4		89,5
Wärmeaustauscher:			
Gaseintritt, Temp. °C	344	375	361
Gasaustritt, Temp. °C	250	276	258
Druckverlust atm.	0,309	0,338	0,382
Hochdruckturbine Drehzahl U/min	5850	5996	6000
Niederdruckturbine Drehzahl U/min	2800	2870	2940
Druckverhältnis	3,98	3,98	4,24
Durchsatz kg/sek.	12,5	12,65	13,05
Brennstoffverbr. kg/h	351	372	419
Leistg. a. Generator kW	875	930	1022
Spezifischer Brennstoffverbrauch g/kWh	401	401	411
Wirkungsgrad $^0/_0$	21,1	21,1	21,4

Auslegungsdaten der „Auris"-Gasturbinenanlage	
Vorgesehene Turbineneintrittstemperatur	627°C
Höchsttemperatur am Turbineneintritt	650 °C
Vorgesehene Drehzahl d. H.D.-Turbine	5750 ^{1}/min
Maximaldrehzahl d. H.D.-Turbine	6000 ^{1}/min
Vorgesehene Drehzahl d. Niederdruckturbine	3000 ^{1}/min
Vorgesehene Luftansaugmenge (am Kompressoraustritt gemessen)	11,25 kg/sec. 8,7 Nm³/sec.
Vorgesehenes Druckverhältnis d. Kompressors	4,2
Wellenleistung der Niederdruckturbine	1200 PS
Elek. Leistungsabgabe	860 kW
Ges. Brennstoffverbr. b. d. vorges. Eintrittstemp.	378 kg/Std.
Spez. Brennstoffverbr. b. d. vorges. Eintrittstemp.	315 g/PS, Std.
Thermischer Wirkungsgrad b. d. vorgesehenen Eintrittstemp.	20 $^0/_0$

Abb. 34. Versuchsdaten der „Auris"-Gasturbinenanlage

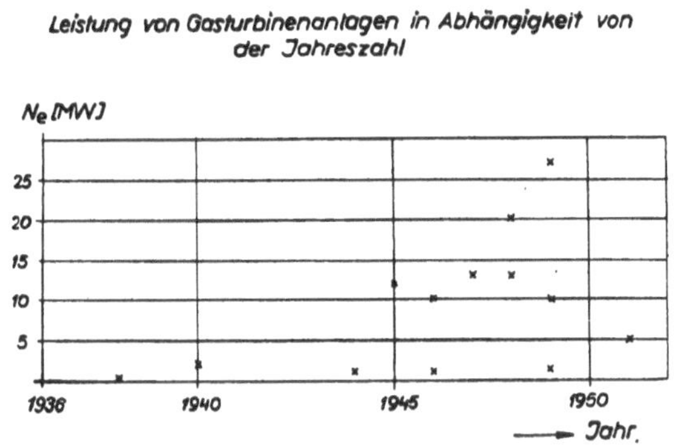

Abb. 36 Leistung von Gasturbinenanlagen in Abhängigkeit von der Jahreszahl

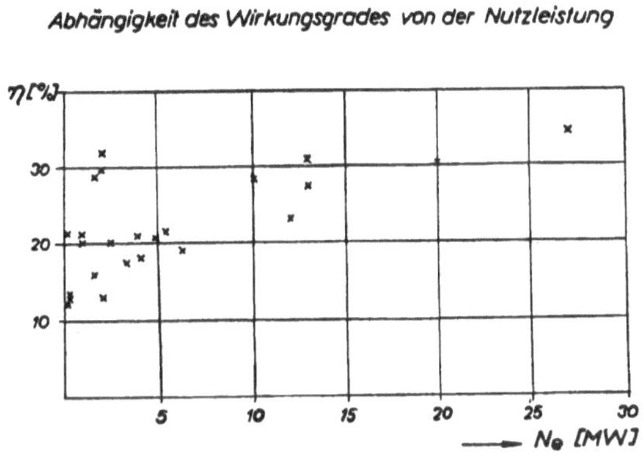

Abb. 37. Abhängigkeit des Wirkungsgrades von der Nutzleistung

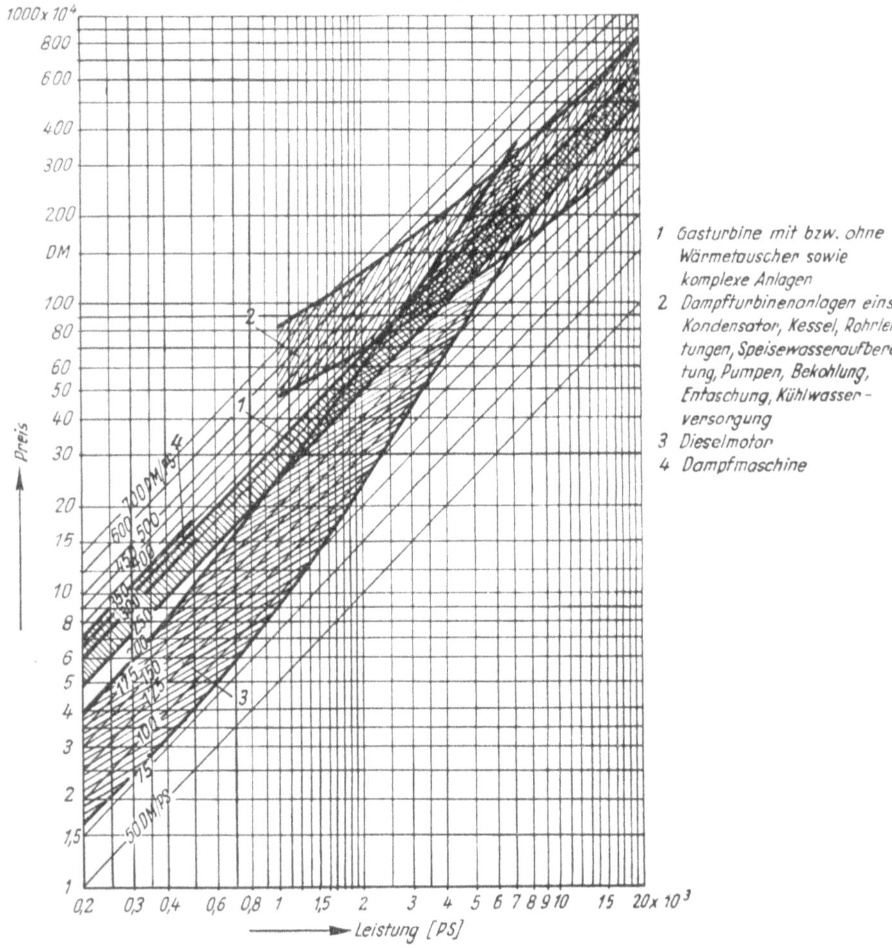

Abb. 38. Weltmarktpreise heutiger Wärmekraftmaschinen (Stand 1954) nach [20]

1 Gasturbine mit bzw. ohne Wärmetauscher sowie komplexe Anlagen, *2* Dampfturbinenanlagen einschließlich Kondensator, Kessel, Rohrleitungen, Speisewasseraufbereitung, Pumpen, Bekohlung, Entaschung, Kühlwasserversorgung, *3* Dieselmotor, *4* Dampfmaschine

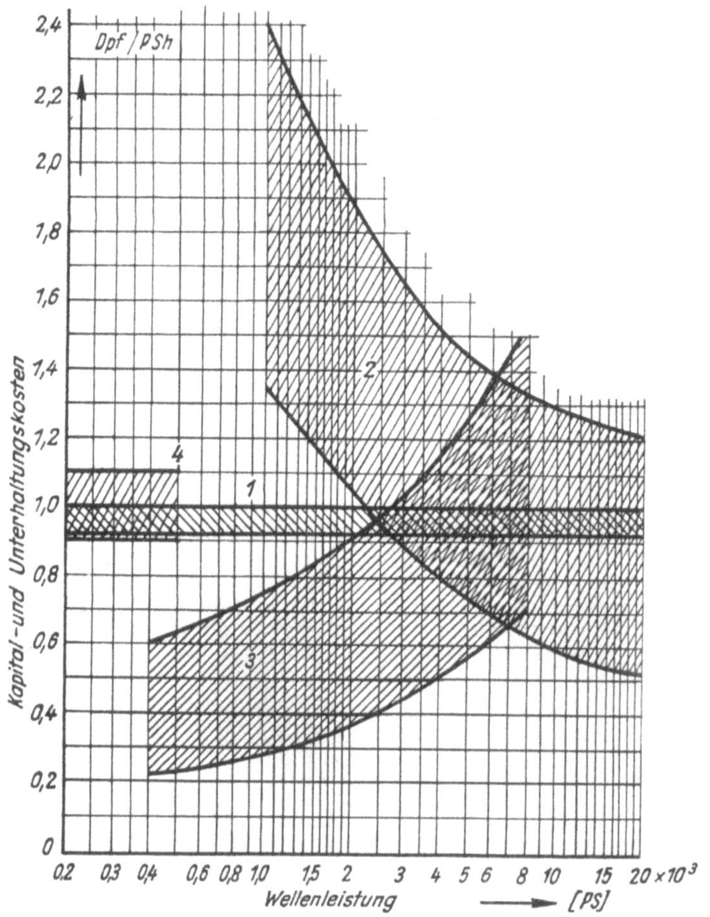

Abb. 39. Kapital- und Unterhaltungskosten von Wärmekraftmaschinen bei einem Ausnutzungsgrad von ca. 69% (6000 Jahresstunden) nach [20]
1 Gasturbine, *2* Dampfturbine, *3* Dieselmotor, *4* Dampfmaschine

Wenn es auch gelingt, in Einzelfällen für kleinere Leistungen hohe Wirkungsgrade zu erreichen, so liegt doch der Mittelwert tiefer als bei großen Leistungen (Abb. 37).

Die Kosten einer Gasturbinenanlage [20] liegen an der oberen Grenze von Dieselmotoren und an der unteren von Dampfturbinenanlagen (Abb. 38), wenn es sich um Leistungen unter 3000 kW handelt. Bei größeren Leistungen ist eine Differenzierung der Kosten schwer möglich. Ähnliche Verhältnisse gelten für Unterhaltung und Abschreibungen der Anlagen (Abb. 39).

Die Gesamtwirtschaftlichkeit der Anlagen wird weitestgehend von der Ausnutzung und dem Preis des Kraftstoffes bestimmt. Heizöle und besonders Kohle geben die Möglichkeit des billigen Betriebes (Abb. 40).

Allerdings bereitet die Verwendung von Kohlenstaub Schwierigkeit. In den USA sind für diese Entwicklung bereits mehrere Millionen Dollar ausgegeben worden.

Versuchswerte von neueren Gasturbinenanlagen sind in Abbildung 41 zusammengestellt.

Nach 1945 war durch die Kontrollratsgesetze in Deutschland zunächst eine Beschäftigung mit Gasturbinen untersagt. Daher stagnierte der gegen Kriegsende bedeutende Entwicklungsstand. Auch heute sind wir noch auf die Mitteilungen über die inzwischen fortgeschrittene

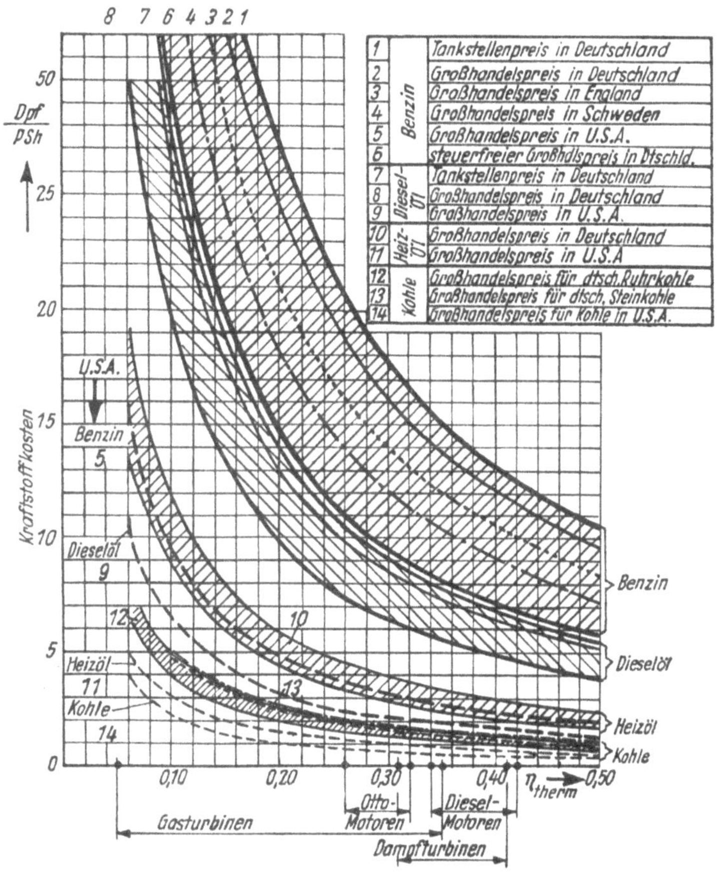

Abb. 40. Spezifische Kraftstoffkosten von Wärmekraftmaschinen nach [20]

Entwicklung der Länder angewiesen, die durch Veröffentlichungen über Erfolge und Mißerfolge berichten.

Neben einer Reihe von Projekten wurde in der DDR ein 0,5 und ein 1,5 MW Aggregat ohne Wärmetauscher fertiggestellt und abgegeben.

Ein Lokomotivantrieb mit 4 MW wurde wegen Materialschwierigkeiten nur teilweise gefertigt.

Aus den Erfahrungen dieser Projekte und Ausführungen entstand eine neu konstruierte Anlage, die sich in der Fertigung und Erprobung befindet. Die Leistung ist mit 3,0 MW [31] vorgesehen. Es handelt sich um eine Dreiwellenanordnung mit Hoch- und Niederdruckteil sowie getrennter Nutzleistungsturbine. Eine Brennkammer, ein Wärmetauscher und ein Zwischenkühler sind vorgesehen.

Ein weiteres Aggregat ist als reine Versuchsanlage gedacht. Sie wird eine Leistung von 1,6 MW haben. In Einwellenanordnung ist sie mit einer Brennkammer und einem Wärmetauscher ausgerüstet. Sie soll im kommenden Jahr gefertigt werden.

Alle Anlagen sind als offene Gleichdruckprozesse ausgeführt. Diese Anfänge sollen uns helfen, wiederum Erfahrungen zu sammeln, die nötig sind, um den Anschluß an den Wissensstand anderer gasturbinenbauender Länder zu ermöglichen.

	Daten von Gasturbinenanlagen	Ruston und Hornsby	Westinghouse Electric Corporation	General Electric Company	BBC (Düdelingen)	BBC (Baracaldo)	BBC (fahrbar)	British Tomson-Houston „Auris“	English Elektric Co Ltd.	Metropolitan Vickers Electrical Co Ltd.	Rolls Royce Ltd.
1.	Gesamtanlage										
1.1	Art	o. P.	o. P.	o. P.	o. P.	o. P.	o. P.	o. P.	o. P.	o. P.	o. P.
1,2	Leistung [kW]	750	15000	5000	5400	13000	6200	930	4800	3300	4000
1.3	Wirkungsgrad [%]	25	25.7	26.5	21.5	27.5	19.1	21.1	20.4	17.2	20.4
1.4	Druckverhältnis	4.0		9.0	3.6			4.0	4.02	4.0	13.5
1.5	Länge [m]	8					42				
1.6	Gewicht [to]	22	312			630	236				
2	Verdichter										
2.1	Art	Ax.	Ax.	Ax.	Ax.	Ax.	Ax.	Ax.	Ax.	Ax.	Ax. Rad.
2.2	Anzahl	1		2	1	1	1	1	1	1	
2.3	Zwischenkühlung	—		+	—				—	—	3
2.4	Durchsatz [kg/sec]	10.5						12.6	58.0	29.8	29.3
2.5	Druckverhältnis	4			3.6			4.0	4.02	4.0	
2.6	Drehzahl [U/min]	11400				3600		6000	5600	7800	15000 11000
2.7	Anzahl der Stufen			9 11					15	11	11 2
3	Brennkammer										
3.1	Art									Ring	
3.2	Anzahl							1	6		3
3.3	Anzahl der Düsen							1			
4	Turbine										
4.1	Anzahl	2						2	2	2	3
4.2	Eintrittstemperatur	727	730	815	600			600	700	800	750
4.3	Drehzahl	6000 11400				3600		6000 2800	5600 4000	7830 5200	15000/11000 7180/1/2/3
4.4	Anzahl der Stufen								6 6	1 3	
5	Wärmetauscher										
5.1	Rückgewinnungsgrad	+			80%				78%	—	48%

Abb. 41. Daten von Gasturbinenanlagen

4. Einige besondere Probleme

Naheliegend ist der Einsatz der Gasturbine als Antrieb von Gasverdichtern, wobei das zu fördernde Gas als Kraftstoff dient. Allerdings ist dabei zu beachten, daß das Brenngas über den Brennkammerdruck verdichtet werden muß. Es wird also ein erheblicher Teil der Leistung lediglich zur Gasverdichtung benötigt. Es müssen daher eingehende Wirtschaftlichkeitsbetrachtungen angestellt werden, ob sich der Aufwand, verglichen mit anderen Antriebsmöglichkeiten, lohnt. Der Verdichter- und Turbinenentwicklung wurde bisher große Aufmerksamkeit geschenkt, so daß sich die Erfolge abgezeichnet haben (Abb. 44) [21].

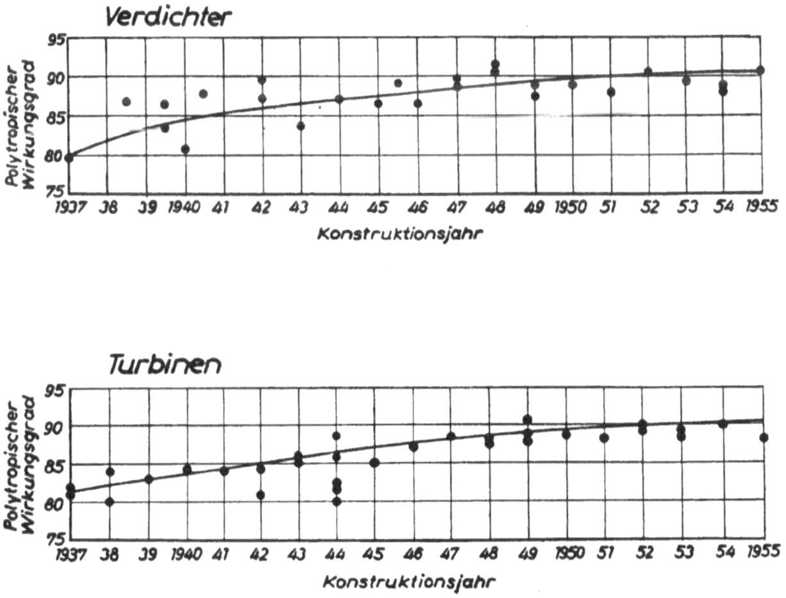

Abb. 42. Verbesserung der Wirkungsgrade in den letzten Jahren

Wenn auch für Einzelprofile und das Gitter theoretisch und praktisch reiches Versuchsmaterial vorliegt, so fehlen dennoch allgemeine Verfahren für die Lösung vieler strömungstechnischer Fragen im Turbinen- und Verdichterbau. Das gilt besonders für das Vorausberechnen der Kennfelder und besonders für die verlustarme Ausbildung von Ein- und Ausströmgehäusen.

Der Grund hierfür liegt darin, daß durch die theoretisch errechneten Werte nicht die tatsächlichen Verhältnisse in den wandnahen Gebieten und der wirbeligen Strömung völlig erfaßt werden können. Weiterhin ist es außerordentlich schwierig, die Wärme- und Strömungszustände zwischen den Schaufeln meßtechnisch, ohne den Strömungszustand zu stören, bei den hohen Geschwindigkeiten und Temperaturen zu erfassen.

Für den Verbrennungsablauf in der Brennkammer ist noch keine befriedigende Möglichkeit der Vorausberechnung bekannt. Das maßgebende Hilfsmittel zum Einblick in die herrschenden Verhältnisse bietet hier nur der Versuch unter den erschwerten Temperatur- und Geschwindigkeitsbedingungen.

Von diesen Meßschwierigkeiten hängt jedoch auch die Regelung der Anlage ab, denn der Regelimpuls wird von einer Meßstelle ausgehen müssen. Abgesehen von der verhältnismäßig einfachen Drehzahlregelung möchte eine Temperaturregelung zur Leistungsregelung und wegen der Sicherheit der Anlagen vorgesehen werden.

Abb. 43. Durch Rußbrand zerstörtes Rohrbündel des Luftvorwärmers einer Gasturbinenlokomotive

Die Verbrennung von gasförmigen Kraftstoffen führt meist nur zu Schwierigkeiten bei der Gemischbildung und bei der Zumischung der Sekundärluft. Ungünstige Verhältnisse führen dann zu längeren Flammen und längerer Durchbrennzeit, also zu größerer Baulänge der Brennkammer. Flüssige Kraftstoffe hingegen bereiten zusätzliche Schwierigkeiten, besonders wenn es ich um Schweröle handelt. Rückstände,

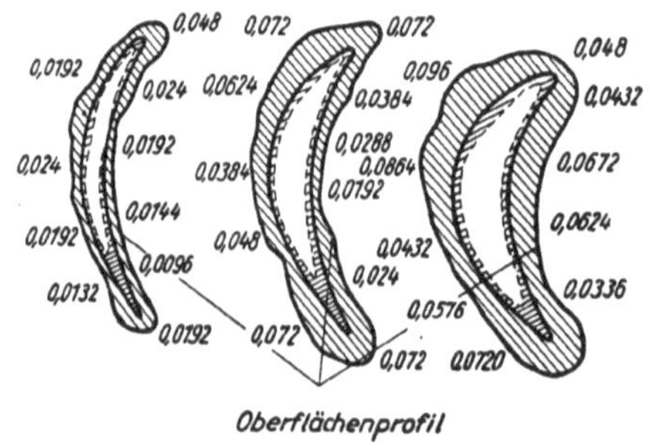

Abb. 44. Ablagerungen an Turbinen-Laufschaufeln nach 100 h Betrieb mit Rückstandöl. Dicke der Ablagerungen 50fach überhöht gezeichnet

Korrosion und Erosion beeinträchtigen das einwandfreie Arbeiten der Anlage. Rußbrände im Wärmetauscher (Abb.43) [22], Verzunderung der Brennkammer und Ablagerung an den Turbinenschaufeln (Abb. 44) müssen durch geeignete Maßnahmen vermieden werden.

Eine geeignete Kraftstoff-Düsenkonstruktion für verschiedene Kraftstoffe ist für eine einwandfreie Verbrennung Voraussetzung. Dafür konnten in bezug auf das Druckniveau und den Zerstäubungsgrad abhängig von den physikalischen Eigenschaften des Kraftstoffes Konstruktionsunterlagen geschaffen werden (Abb. 45) [23].

Weitere Vorkehrungen müssen getroffen werden, um Ablagerungen an den verschiedenen Stellen zu beseitigen. Im Kraftstoff ist oftmals Vanadium enthalten, das sich bisher weder

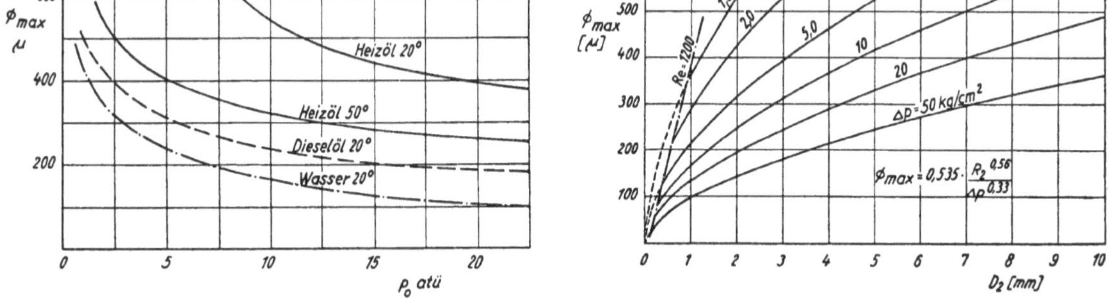

a) b)

Abb. 45 Abhängigkeit der Tropfengröße vom Einspritzdruck (*a*) und vom Mündungsdurchmesser und dem Differenzdruck Δp (*b*)

chemisch noch mechanisch daraus entfernen ließ. Durch Zugaben von Tonen, Kaolin und Aluminium soll das Vanadium gebunden werden, welches bei den herrschenden Temperaturen in flüssiger Phase vorliegt und starke Neigung hat, in das Schaufelmaterial zu diffundieren.

Auch durch unvollständige Verbrennung mit dem Ziel der Selbstreinigung der Schaufeln oder der Verhinderung der Bildung von Vanadiumpentoxyd versucht man, diese Probleme zu beherrschen. Neben der Beseitigung der Korrosion will man Erosion (Abb. 46) [24, 25] dadurch verhindern, daß man die Teilchen mit scharfkantiger Struktur in Zonen hoher Temperatur zu Kügelchen zusammenschmilzt (Abb. 47). Damit verhindert man starke Erosion und versucht eine Selbstreinigung zu erzielen [26]. Eine weitere Möglichkeit bietet die thermische Aufbereitung des Kraftstoffes, bei der durch Erwärmung eine Trennung der Rückstände von den rückstandslos verbrennbaren Bestandteilen erfolgt. Ausgedrückt durch Prozente nach dem Conradson-Verfahren wird bei entsprechenden Drücken und Temperaturen der Gehalt an Rückständen verändert (Abb. 48) [27].

Zu diesen thermischen und strömungstechnischen Problemen treten Sonderfragen der Fertigung.

Abb. 46. Korrosion und Erosion bei Turbinenschaufeln

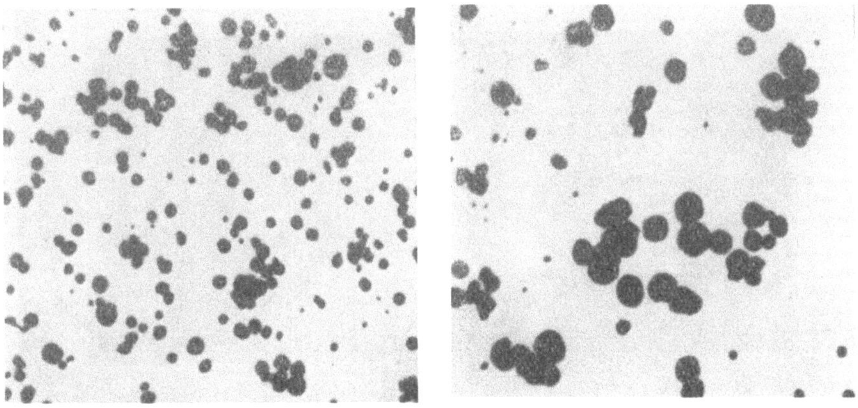

Abb. 47. Aus unvollständiger Verbrennung von Schweröltropfen entstandene kugelförmige Rußteilchen

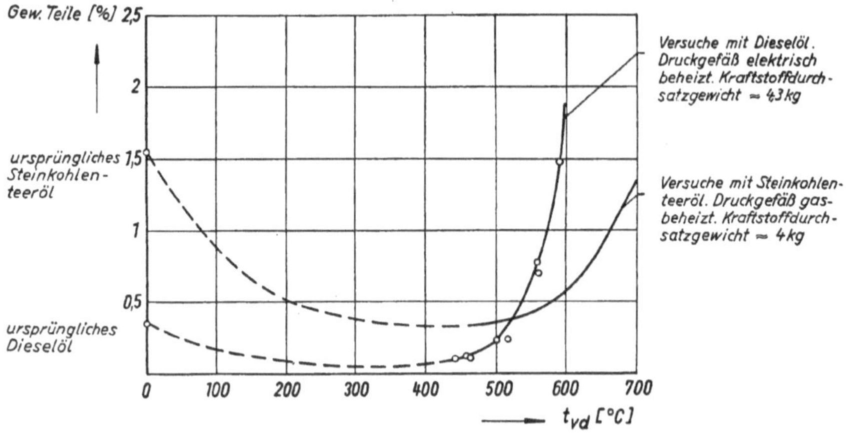

Abb. 48. Abhängigkeit des Verkokungsrückstandes nach Conradson bei einem thermisch aufbereiteten Dieselöl und Steinkohlenteeröl von der Temperatur t_{Vd} in der Mitte des Druckgefäßes für 5 atü

Für die Schaufelfertigung stehen genügend Erfahrungen zur Verfügung. Die zahlreichen meist verwundenen Schaufeln stellen besondere Anforderungen an eine wirtschaftliche Fertigung.

Zunächst muß ein Mittelweg gefunden werden zwischen den Forderungen der Theorie, die unendliche dünne Schaufelkanten und möglichst glatte Oberflächen verlangt, und der Möglichkeit der praktischen Ausführung. Man begegnet daher heute bereits Auffassungen, keine übertriebenen Forderungen in dieser Hinsicht zu stellen, da die Schaufeln nach einiger Betriebszeit ihre Oberflächenbeschaffenheit geändert haben. Zudem kommt hinzu, daß eine verwundene Schaufel nur für einen Betriebszustand optimale Verhältnisse liefern kann. Eine grobere Fertigung bringt zwar geringeren Wirkungsgrad bei Anlieferung der Schaufeln, aber auch eine erhebliche Aufwandssenkung bei der Fertigung.

Die Schaufelfertigung für Vollschaufeln erfolgt durch Kopierfräsen oder Fließpressen, Walzen und Schlagen zur Fertigform (Abb. 49) [28].

Hohlschaufeln werden geschweißt oder auch gezogen und durch Pressen über einen Dorn endgültig dem Profil angepaßt (Abb. 50) [28]. Das Verfahren wird als kompliziert bezeich net.

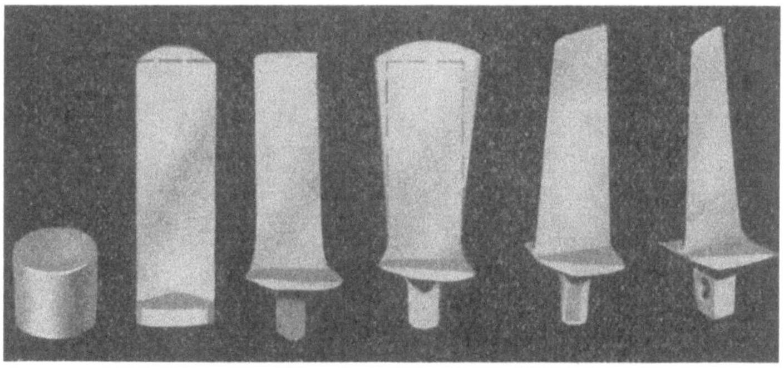

Abb. 49. Fertigungsstufen bei einem spanlosen Verfahren zur Herstellung einer Vollschaufel
a Stangenabschnitt, *b* fließgepreßtes Rohblatt, *c* Rohblatt mit angestauchtem Fuß, *d* breitgewalztes Schaufelblatt, *e* Rohschaufel, *f* fertige Schaufel

Da für die Schaufelkühlung ein Teil der verdichteten Luft verbraucht wird, ein zusätzlicher Druckverlust eintritt und die Schaufelfertigung umständlicher wird, muß abgeschätzt werden, ob sich diese für den Einzelfall lohnt. Auch hier können nur wirtschaftliche Überlegungen über die Kosten, mit denen eine größere Wirtschaftlichkeit erkauft wird, Klarheit geben.

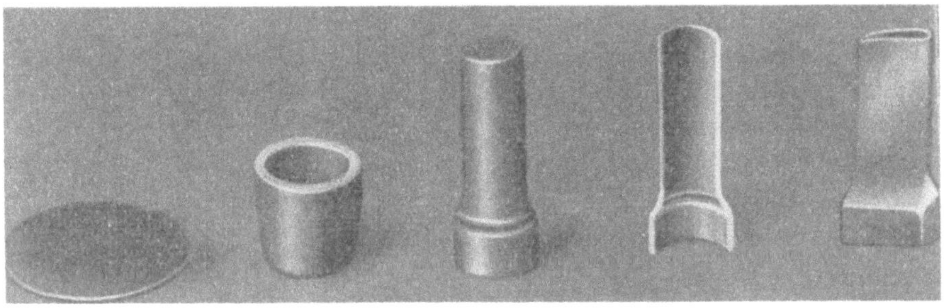

Abb. 50. Fertigungsstufen bei einem spanlosen Verfahren zur Herstellung von Hohlschaufeln
a Ronde, *b* gezogener Rohteil, *c* gestreckter u. konisch eingezogener Rohteil, *d* wie *c*, aber im Schnitt, *e* fertige Schaufel

Allerdings können bei Luftkühlung die Werte für die Dauerstandsfestigkeit des Schaufel- und Scheibenmaterials der Maschine höher angenommen werden (Abb. 51, Abb. 11) [29]. Die Werkstofffrage ist bei der Entwicklung der Gasturbine weiterhin von ausschlaggebender Bedeutung.

Hat man bis vor kurzer Zeit als Brennkammerwerkstoff stark nickelhaltige Legierungen empfohlen, geht man heute zu chromhaltigen Stählen über, wenn Nickel von Schwefel angegriffen werden könnte. Für Verdichterschaufeln werden wie bisher Leichtmetall-Legierungen aus Aluminium, Kupfer und Magnesium, bei höheren Stufenbelastungen und für Turbinenschaufeln jedoch Chrom-Nickel-Stähle verwendet.

Die Verwendung eines Wärmetauschers sollte stets von Wirtschaftlichkeitsbetrachtungen abhängig sein.

Die damit verbundene Steigerung des thermischen Wirkungsgrades muß durch Fertigungs- und Wartungskosten, durch Raum- und Gewichtserhöhung sowie erhöhten Druckverlust erkauft werden.

Gegenwärtig laufende Versuche zeigen, daß durch einen Regenerator an Stelle des meist üblichen Rekuperators eine erhöhte Wärmeausbeute zu erzielen ist. Dadurch ergibt sich eine entsprechende Einsparung an Material, Raum und Gewicht. Auch hier muß man abwarten, in welchem Maße die Vorschläge zum Erfolg führen werden.

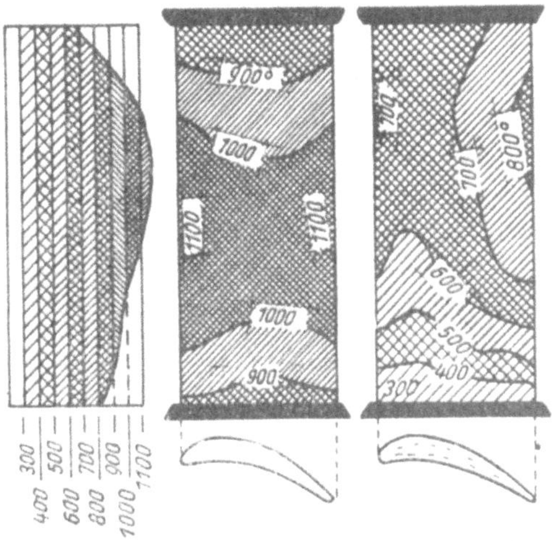

Abb. 51. Auswirkung der Luftkühlung auf die Temperaturverteilung im Leitapparat
a Temperaturverteilung am Austritt aus der Brennkammer, *b* Temperaturverteilung an einer ungekühlten Leitschaufel, *c* Temperaturverteilung an einer luftgekühlten Leitschaufel

5. Zusammenfassung

Vor etwa 70 Jahren wurden die ersten Vorschläge für Gasturbinen unterbreitet, die heute oft in ähnlicher Anordnung verwirklicht worden sind. Damals ahnte man bereits die Schwierigkeiten, die sich der Verwirklichung entgegenstellten ohne sie genau zu erkennen.

Intensive Forschungs- und Entwicklungsarbeit in vielen Ländern ermöglichte überhaupt erst den gegenwärtigen Entwicklungsstand der Gasturbine.

Inzwischen hat sich die Gasturbine vielerorts als Flugzeugantrieb aber bereits auch als ortsfeste Anlage bewährt. Sie wird überall dort in die technischen Anwendungsgebiete eindringen, wo auf kleinem Raum bei geringem Gewicht eine in kürzester Zeit einsatzbereite Leistungsausbeute verlangt wird.

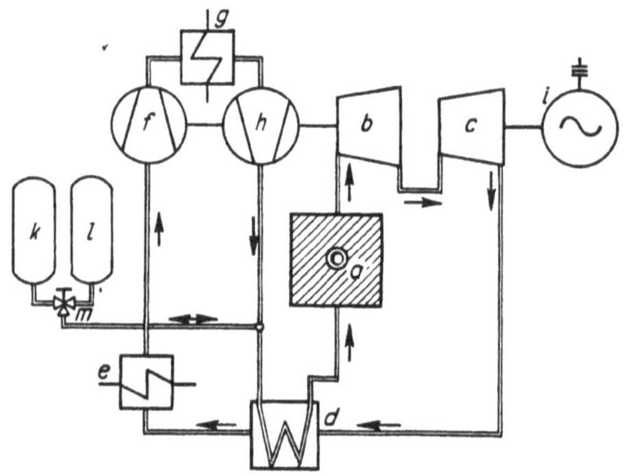

Abb. 52. Schema eines geschlossenen Gasturbinen-Kreislaufes mit Reaktorkühlung durch Helium
a Reaktor, *b* Hochdruckturbine, *c* Niederdruckturbine, *d* Wärmetauscher, *e* Vorkühler, *f* Niederdruck-Verdichter, *g* Zwischenkühler, *h* Hochdruck-Verdichter, *i* Stromerzeuger, *k* Hochdruck-Behälter, *l* Niederdruck-Behälter, *m* Ein- u. Auslaßventil

Auch bei der Gewinnung von Kernenergie schlägt man neuerdings die Gasturbine zur Energieerzeugung vor. Die vom Reaktor abgeführte Wärmemenge dient zur Erhitzung des Arbeitsmediums (Gase oder Flüssigkeiten). Die Gasturbine müßte dabei im geschlossenen Prozeß arbeiten (Abb. 52) [30].

Allerdings gibt es noch eine Reihe Fragen, besonders über die Wirtschaftlichkeit, die erst nach längerer Betriebsdauer und durch weitere Untersuchungen geklärt werden können.

Literaturverzeichnis

[1] K. Bammert, C. Keller, H. Kress: „Heißluftturbinenanlagen mit Kohlenstaubfeuerung". BWK Bd. 8, Heft 10, S. 471–478 (1956).

[2] P. Wincierz: „Entwicklung hochwarmfester Werkstoffe". Zs. VDI 99, Heft 1, S. 25/26 (1957).

[3] Eyermann u. Schulze: „Die Gasturbine". O. Krayn, Berlin 1917.

[4] – 500 H. P. Solar, Jupiter „Gas-Turbine". The Engineer 200, Nr. 5203, S. 562–565 (1955).

[5] W. Roth: „Das irische Kraftwerk North-Wall mit Velox-Dampferzeugern". BBC-Mitteilg. Bd. 44, S. 23 (1956) 1/2.

[6] Eichelberg: „Freikolben-Generatoren". Sonderdruck Schweiz. Bauzeitg. Jg. 66, Nr. 48 u. 49.

[7] F. H. Reynst: „Das Schmidt-Rohr". Allg. Wärmetechnik, 6. Jg., Heft 4, S. 47–81 (1955).

[8] P. Schmidt: „Die Entwicklung der Zündung periodisch arbeitender Strahlgeräte". Zs. VDI 92, S. 393–399 (1950).

[9] Holzwarth: „Die Gasturbine". R. Oldenburg, München u. Berlin 1911.

[10] E. Hofmann: „Die Gasturbinen". Austro-Motor S. 257–260 (1955–1958).

[11] – „Das größte Gasturbinenkraftwerk der Welt 50000 kW". MTZ Jg. 16, Nr. 11, S. 329 (Nov. 1955).

[12] H. Pfenninger: „Betriebserfahrungen mit Brown Boveri Gasturbinenanlagen". BBC Mitteilungen, Bd. 40, Heft 5/6, S. 144–166 (1953).

[13] – „Gas turbines can also use steam". Power Bd. 98, Heft 8, S. 94/95 (1954).

[14] H. A. Thamann: „Fahrbare Gasturbinenzentralen". BBC-Mitteilungen, Bd. 42, Heft 10, S. 315 bis 404 (1955).

[15] Kruschik: „Die Gasturbine". Springer-Verlag, Wien 1952.

[16] – „World Locomotiv Revier – Great Britain". The Oil Engine and Gas Turbine, S. 158/59 (Aug. 1956).

[17] G. Oldenburg: „Praktische Erfahrungen mit der ‚Auris'-Gasturbine". „Hansa" Schiffbau Jg. 91, Heft 7, S. 323–327 (1954).

[18] Sir Harald Roxbee Cox: „Gas Turbine Principles and Practice". Verlag: Georges Newnes, London, Limited.

[19] M. Oehmichen: „Gasturbinen in Kraftfahrzeugen". Wiss. Zs. d. TH Dresden Bd. 4, Heft 6, S. 1031–1044 (1954).

[20] B. Eckert: „Entwicklungsrichtung u. Perspektiven der Gasturbine". MTZ Bd. 16, S. 32–42, S. 69–73 (1955).

[21] M. Oehmichen: „Gasturbinen". Technik Bd. 8, S. 799–815 (1953), Bd. 9, S. 405–413, 509–516 u. 522 (1954).

[22] – „Gasturbinen für Lokomotiven". BBC-Mitteilg. Bd. 40, H. 5/6 (1953).

[23] H. Gebhardt: „Kraftstoffeinspritzung in Dralldüsen". Diss. ML TH Dresden (1957).

[24] – „Tackling the Residual – Fuel Problem." Oil Engine and Gas Turbine XXIII, 266, S. 161—163 u. 267, S. 200/201 (1955).

[25] – „Gas Turbines in 1951". The Engineer Bd. 193, S. 93–96 (1952).

[26] P. Sulzer: „Über die Beeinflussung der Ölascheablagerung in industriellen Gasturbinenanlagen durch Kontrolle der Verbrennung". Schweizer Archiv 20. Jg. Nr. 2. Febr. 1954.

[27] E. Mühlberg: „Thermisch aufbereitete Kraftstoffe in Verbrennungskraftmaschinen". Diss. ML TH Dresden (1955).

[28] O. Seizer: „Beiträge zur Entwicklung u. Herstellung von Schaufelsätzen für Gasturbinen". MTZ 16, Heft 2, S. 52/54 (1955).

[29] Eck: „Fortschritte der Nimonic-Legierungen". MTZ 16, Heft 4, S. 107/108 (1955).

[30] Bammert: „Gasturbinen". Zs. VDI, Bd. 97 Nr. 29, S. 1039–1043 (1955). Zs. VDI Bd- 99 Nr. 31 S. 1585/86 (1957).

[31] H. Weissleder: „Erste Versuchs-Gasturbinenanlage für Schwelgas in der Deutschen Demokratischen Republik". Maschinenbautechnik 12, S. 638—648 (1957).

FSC
www.fsc.org
MIX
Papier | Fördert gute Waldnutzung
FSC® C083411

Kolibri 360 GmbH
Ferdinand-Jühlke-Straße 7
99095 Erfurt, Deutschland
produktsicherheit@kolibri360.de